Glosario Diatomológico Ilustrado

Nelson Navarro Ramas Ph.D.
2009

ISBN 978-0-557-04258-6

Dedicatoria

Dedico este libro a mi familia:
a mi esposa Flor, y a mis hijos
Julio A., Ricardo J., Ángel O. y
Nelson J.

Introducción

- La estructura de los frústulos de diatomeas se han estudiado en detalle con microscopía de luz y microscopía electrónica de barrido y transmisión (SEM y TEM).

- Los conceptos y la terminología han ido cambiando y en todos los trabajos aparecen definiciones o glosarios que difieren un poco según el autor y el idioma.

- Es necesario reunir en el idioma español todos los términos más comunes usados en la descripción de una diatomea.

- El glosario es presentado desde los términos más generales a los más particulares, usados sólo en algunos géneros.

- Puede ser útil para profesores de Ficología general, investigadores especialistas y estudiantes que se inician en el estudio de diatomeas .

Frústulo:

La membrana silicificada completa de una diatomea con todas sus partes.
En vista cingular o lateral, llamada también conectival.

Cintura (girdle):

Parte del frústulo entre la epi e hipovalva.

Cíngulo: Parte

de la cintura asociado con una de las valvas. Consiste del epicíngulo e hipocíngulo.

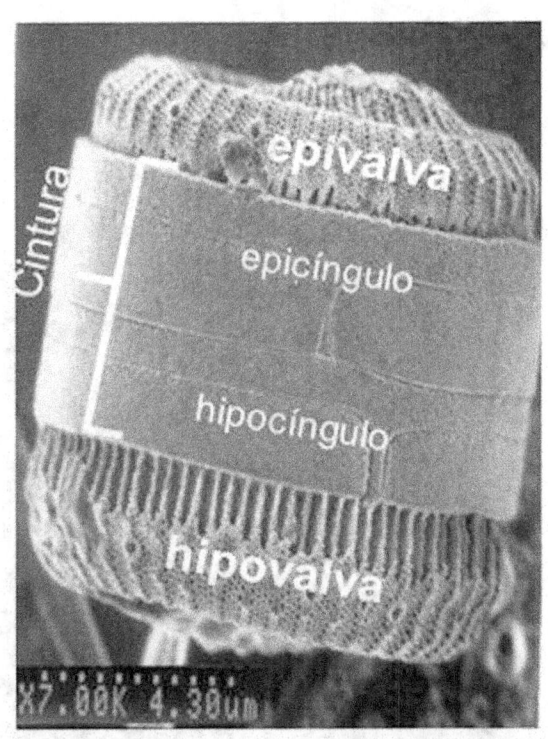

Cyclotella

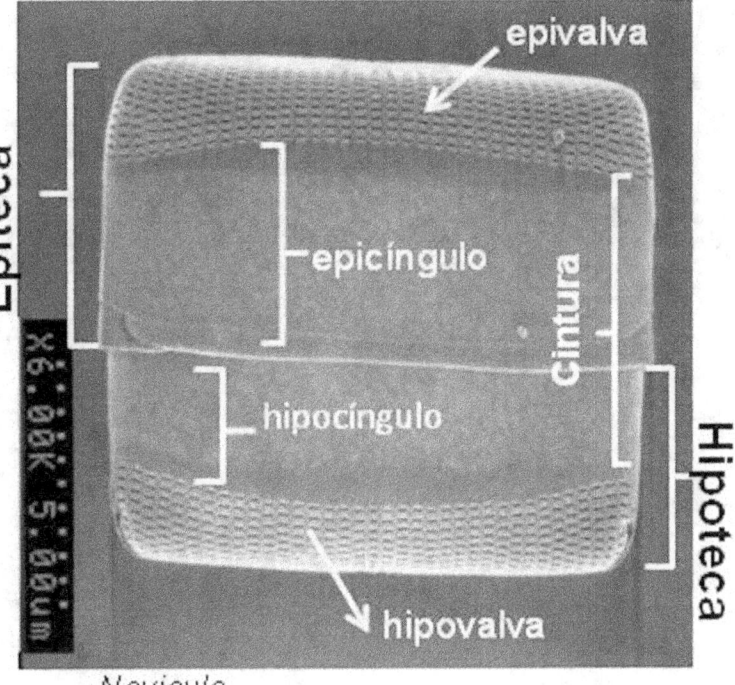

Navicula

Frústulo: Formado por dos tecas.

Epiteca: parte superior que cubre la parte inferior o **Hipoteca**.

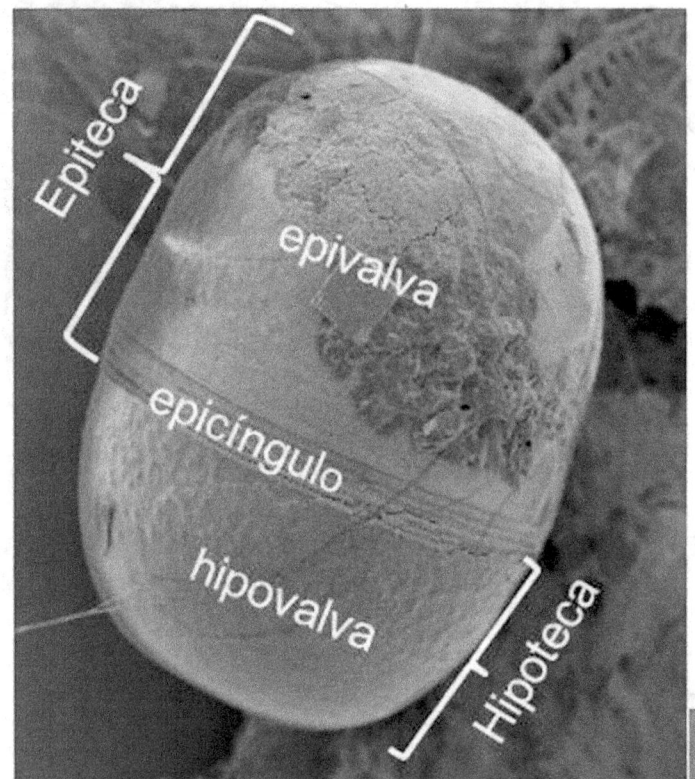

Podosira

10µm 2000X

La Epiteca comprende la epivalva y el epicíngulo.
La Hipoteca, la hipovalva y el hipocíngulo.

Ambas son como tapas de una caja.

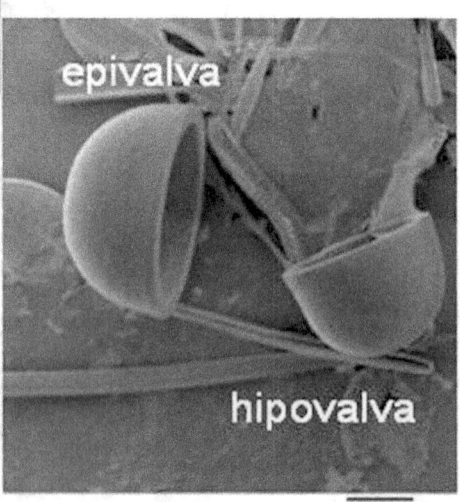

10µm 1300X

4

Valva: Parte plana o un poco convexa del frústulo, en la epi e hipoteca. Formada por dos regiones: cara valvar y manto valvar, separada por el margen valvar, perforado o sólido, interno o externo. Los dos extremos se les llama ápices o polos. La valva termina en el borde valvar.

Cópulas: Parte o elemento del cíngulo. Llamadas también bandas intercalares, segmentos o bandas. Con estructura diferente a la valva o a veces lisas o hialinas. Pueden ser abiertas o cerradas.

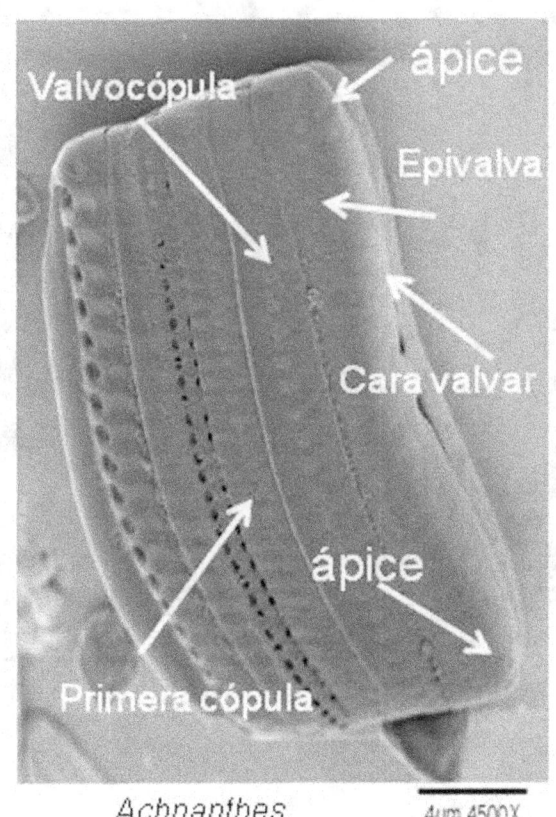

Achnanthes 4μm 4500X

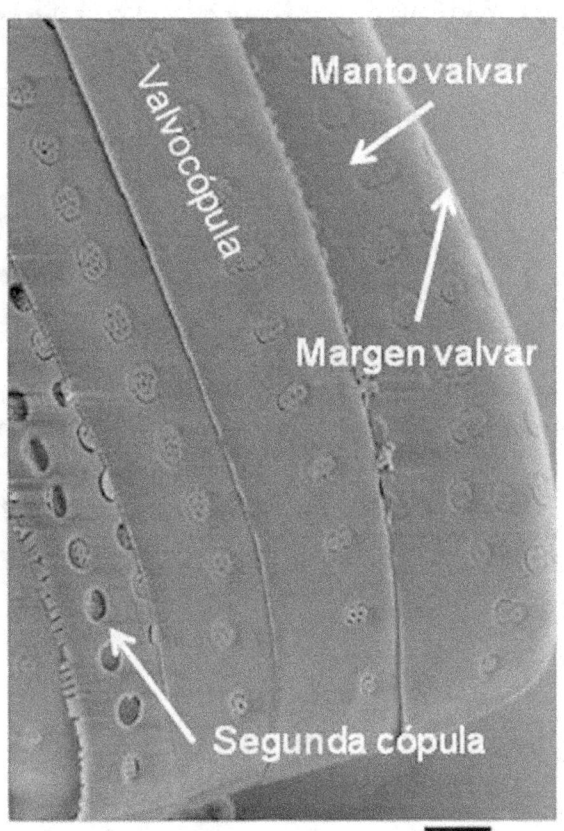

1μm 11000X

Manto valvar:

Parte de la valva, desde el margen valvar hasta el borde valvar.

Sutura:

Parte entre la valva y el **cíngulo**, o entre las cópulas.

Valvocópula:

Cópula adyacente a la valva. Diferente en estructura de la valva y de las demás **cópulas.**

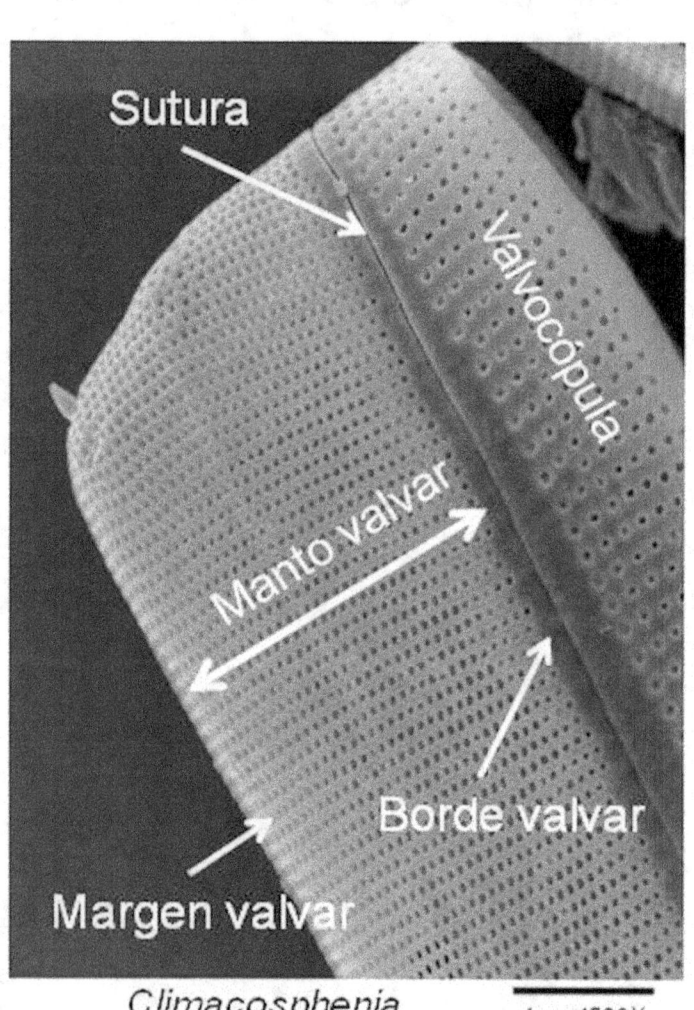

Climacosphenia

4µm 4500X

Rafe: Fisura elongada o un par de fisuras a lo largo de la valva. Colocada en el centro, o cerca del margen valvar.

Si son dos, cada una se llama **rama del rafe**.

Rafe-esterno (sternum): Banda de sílice no perforada, a veces engrosada que lleva el rafe.

Área central: Zona media entre las dos **fisuras** proximales del rafe, no perforada.

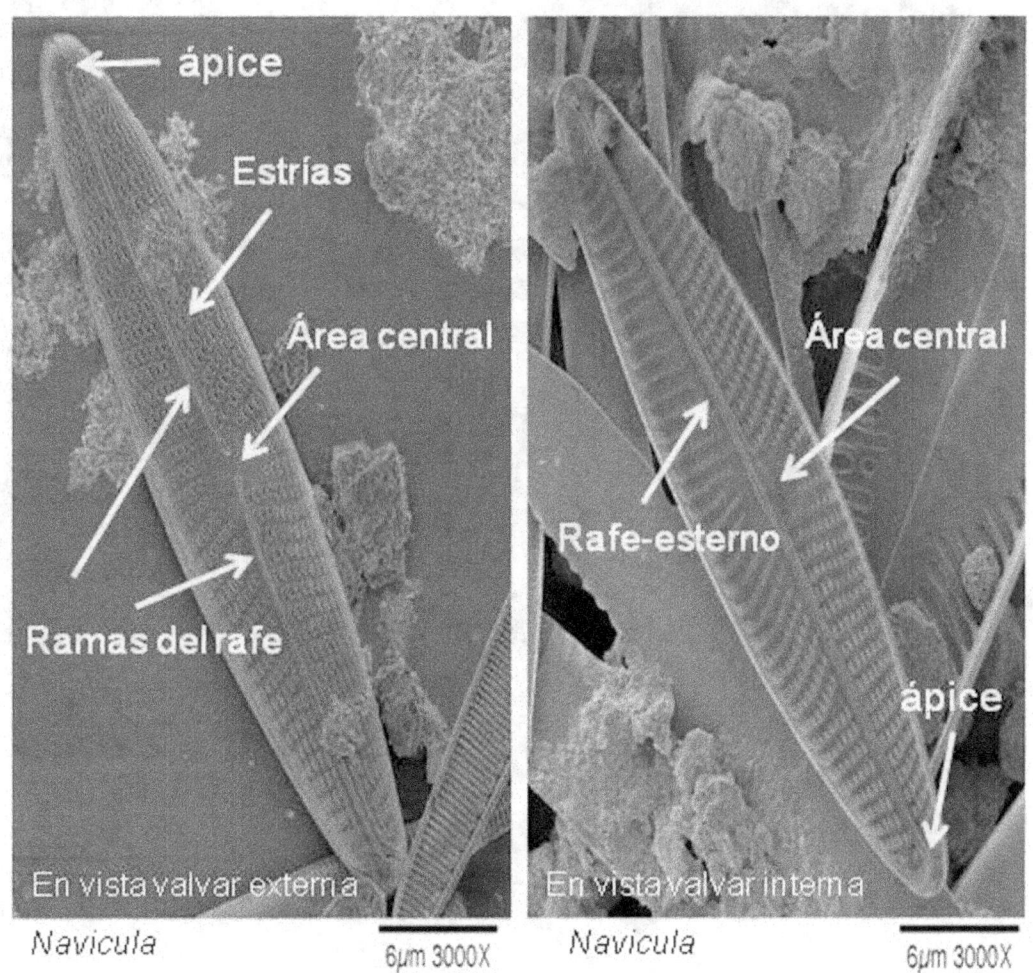

Navicula   6μm 3000X   *Navicula*   6μm 3000X

Capa silícea basal:

Capa o pared que forma la estructura básica de los componentes del frústulo.

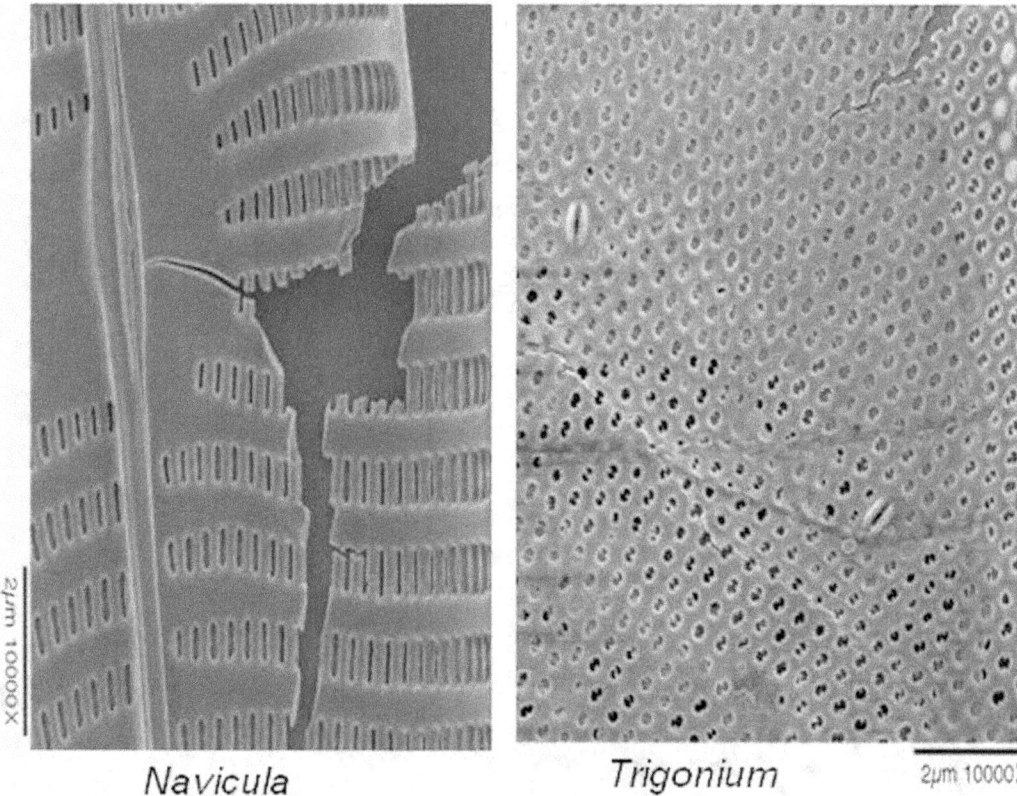

Navicula   *Trigonium*

Estrías:

Es una o más líneas de aréolas o poros, o un solo alvéolo.

Pueden ser: **Uniseriadas**, con una sola línea;

Biseriadas, con dos líneas o

Multiseriadas, con muchas líneas.

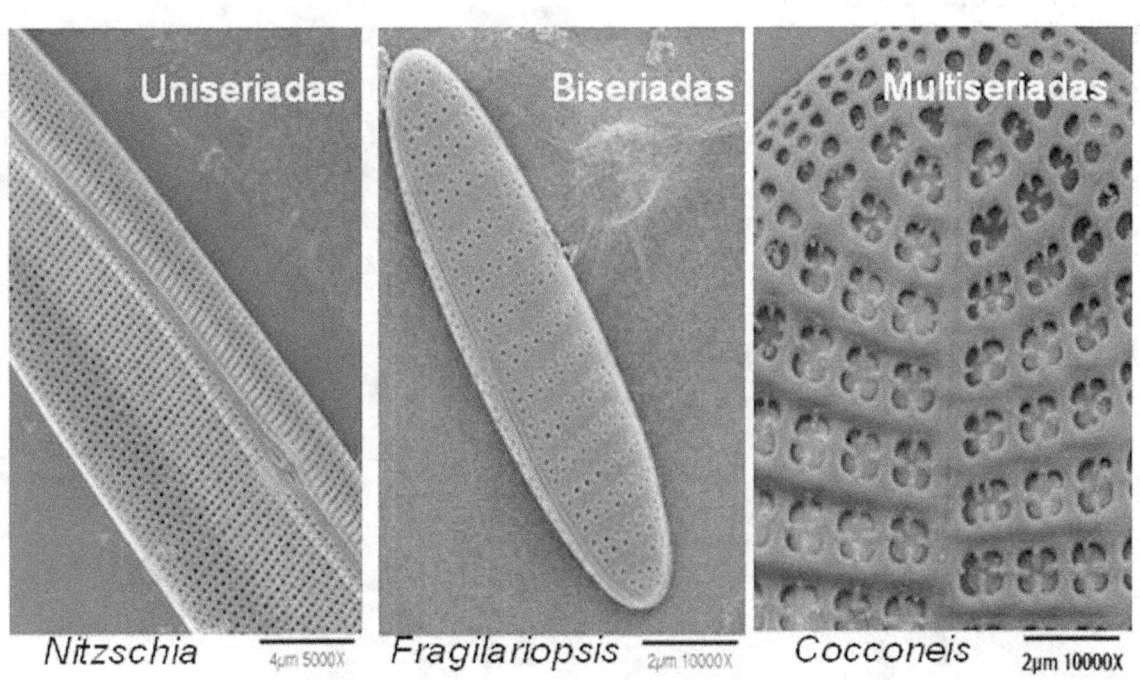

Nitzschia   4μm 5000X   *Fragilariopsis*   2μm 10000X   *Cocconeis*   2μm 10000X

Según la disposición de las estrías en la valva, pueden ser:

Paralelas: si son perpendiculares al eje apical o rafe.

Radiadas: si están inclinadas desde el margen valvar al centro de la valva.

Convergentes: si están inclinadas desde el margen valvar hacia los ápices de la valva.

Si las aréolas tienen foramen alargado dispuestos en líneas longitudinales se las llama **lineoladas.**

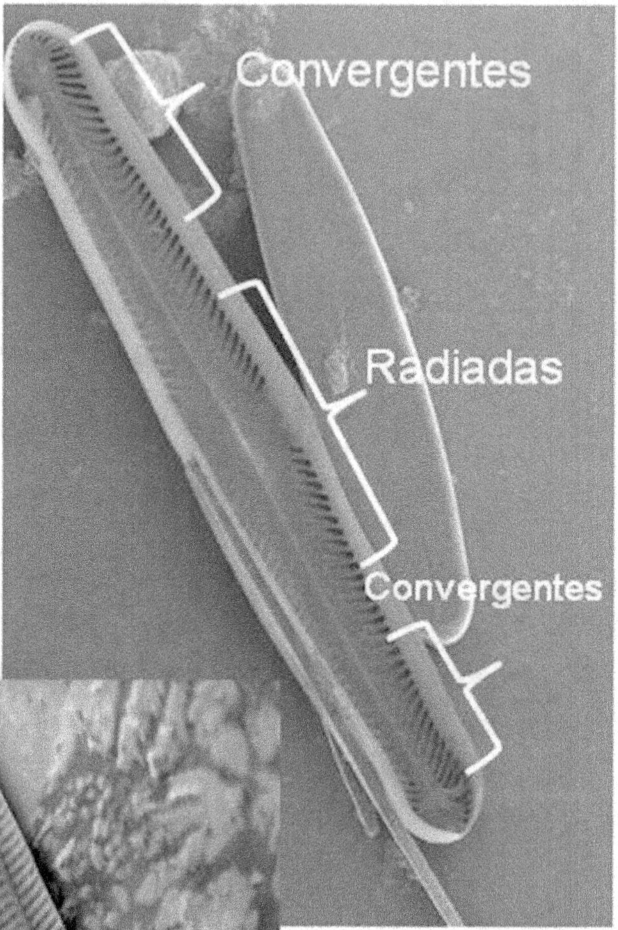

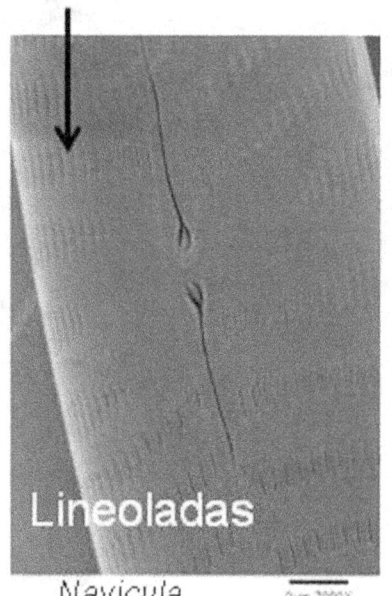

Lineoladas

Navicula 2μm 7000X

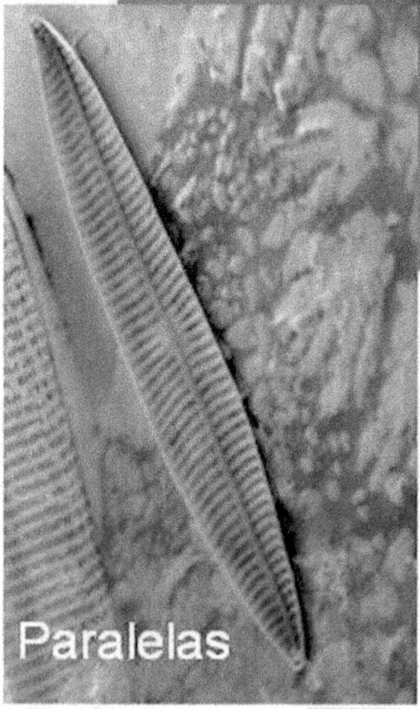

Convergentes

Radiadas

Convergentes

Pinnularia 10μm 1300X

Paralelas

Navicula 10μm 1800X

Estrías radiales: si van del centro de la valva hacia el margen. Término usado en diatomeas céntricas. No se debe confundir con **radiadas.** Ej . *Coscinodiscus.*

Estrías fasciculadas: cuando están agrupadas y están paralelas a una estría radial, cada zona es un fascículo. Ej. Algunas especies de *Coscinodiscus y Thalassiosira.*

Estrías tangenciales: cuando forman líneas derechas o curvadas, nunca paralelas a las radiales. Ej. Algunas especies de *Thalassiosira.*

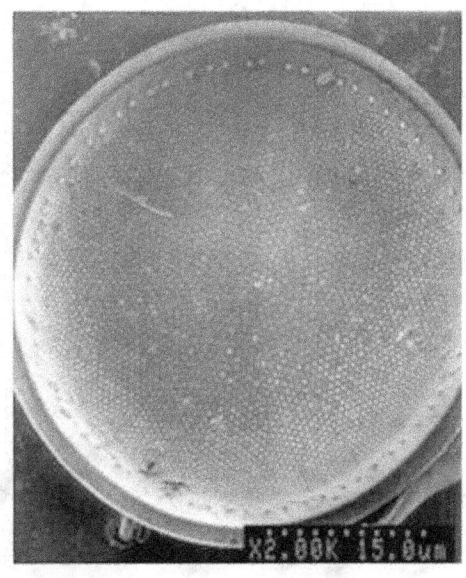

fasciculadas

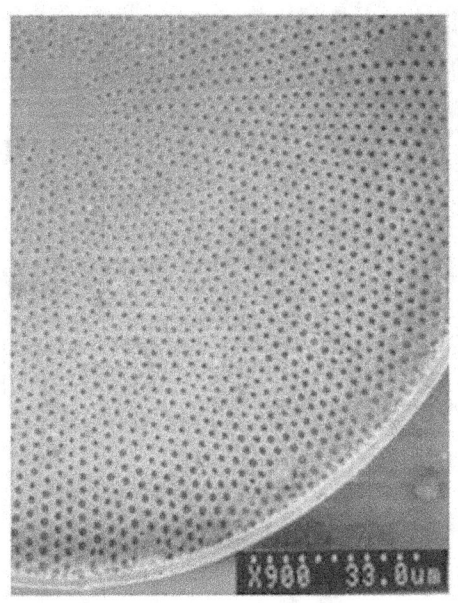

radiales

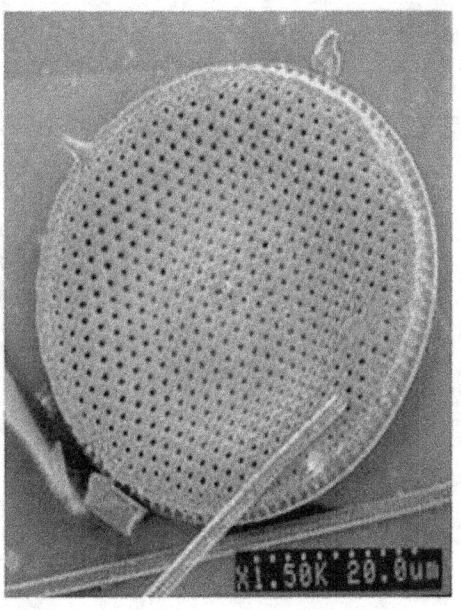

tangenciales

Ejes en diatomeas:

Eje apical:
Línea a lo largo de una diatomea bilateral o línea imaginaria que une los ápices de un frústulo. Corresponde al largo de la célula.

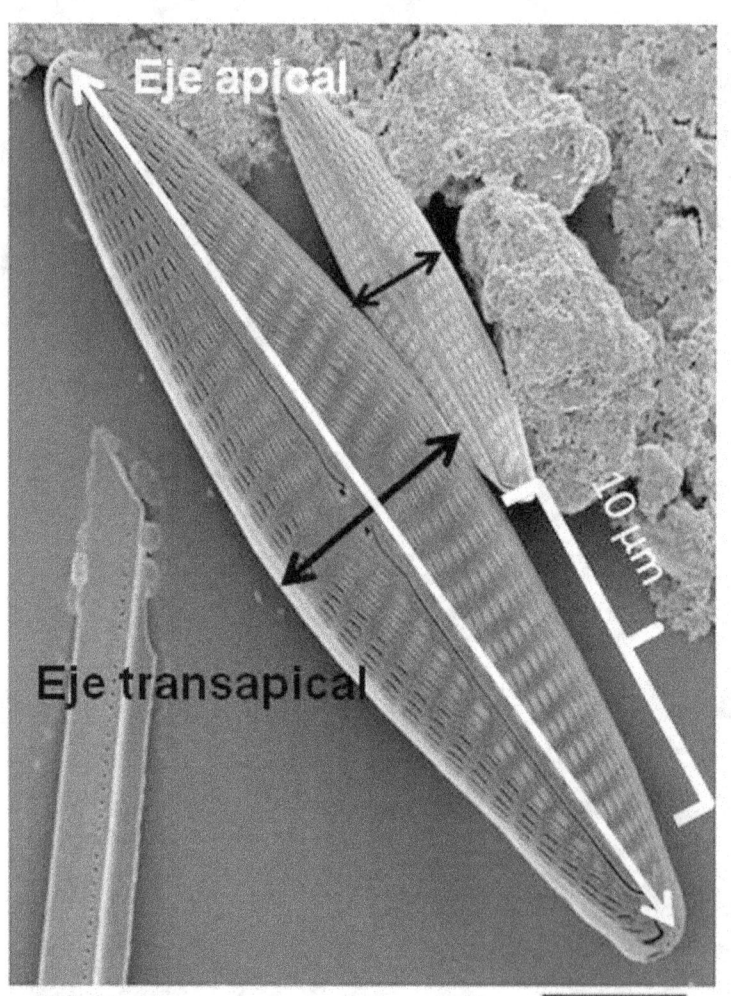

Navicula

4µm 4500X

Eje transapical:
Línea que atraviesa el frústulo, perpendicular al eje pervalvar y apical Corresponde al ancho de la célula.

Otra medida importante es el número de estrías en 10 micrómetros.

Eje pervalvar: Línea que atraviesa el punto central de las dos valvas. Corresponde al alto de la célula.

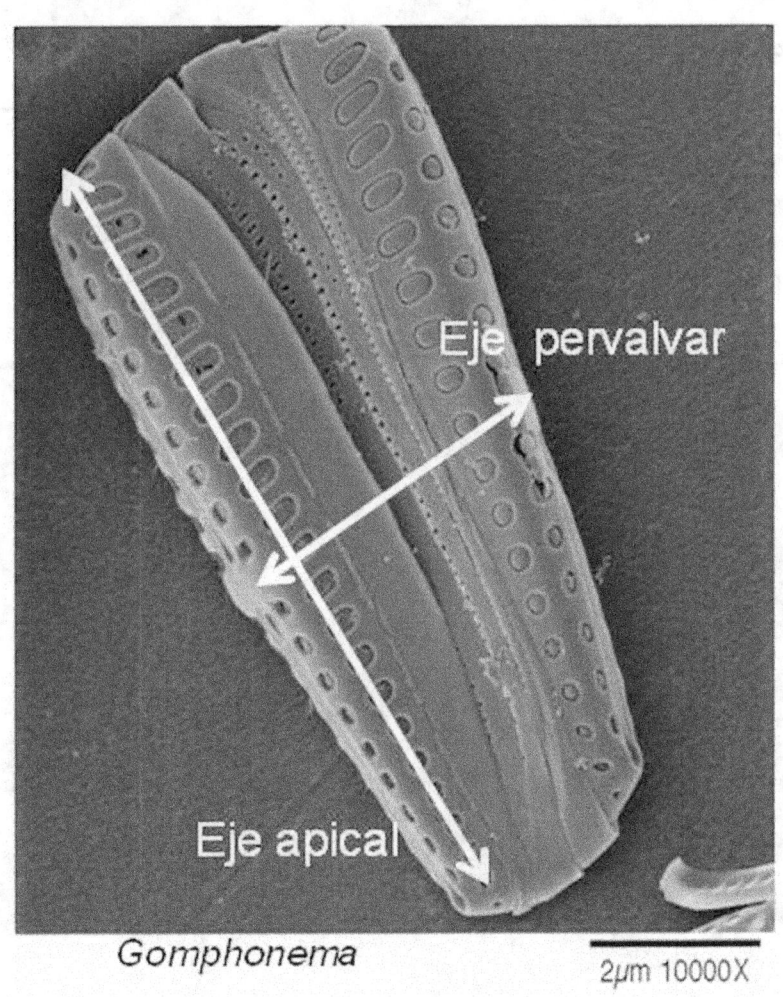

Gomphonema

2μm 10000X

Planos en diatomeas pennadas:

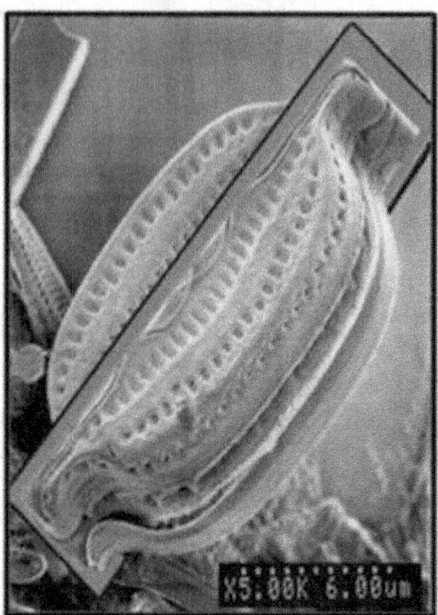

Plano apical:
perpendicular al eje transapical.
Divide al frústulo en dos lados iguales si la célula tiene simetría bilateral, pasando por el eje apical.

Plano transapical:
perpendicular al eje apical.
Divide al frústulo en dos partes iguales o no pasando por el eje pervalvar.

Mastogloia

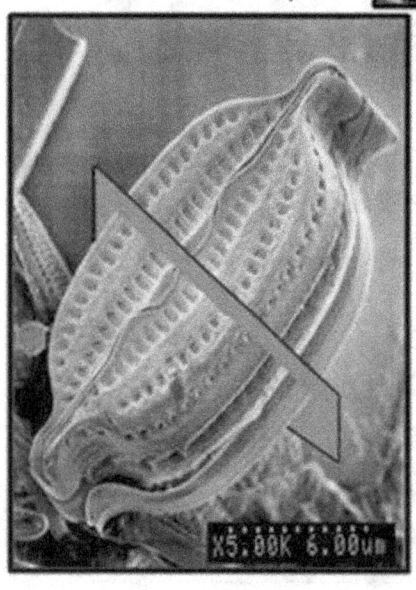

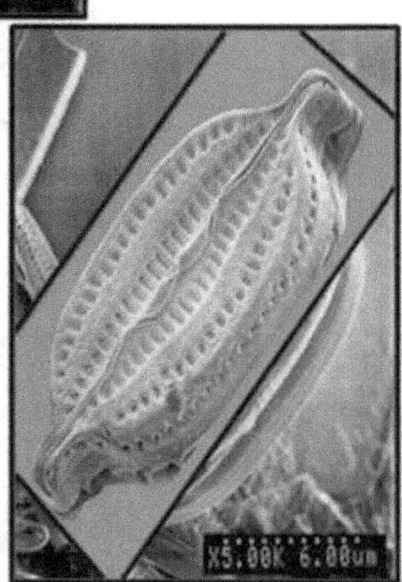

Plano valvar:
plano paralelo a las valvas.
Corresponde al plano de división.

Planos en diatomeas céntricas:

Plano radial: Divide al frústulo en dos partes iguales o no pasando por el eje pervalvar.

Plano valvar: plano paralelo a las valvas.

Cyclotella

15

Aréola:

Orificio de la capa basal silícea que se repite regularmente, normalmente obstruída por una delicada lámina de sílice: el velo o velum.

Dos tipos básicos de aréolas: poroides y loculadas:

Poroide: Aréola que no está marcadamente hundida en la superficie de la capa basal silícea del frústulo.

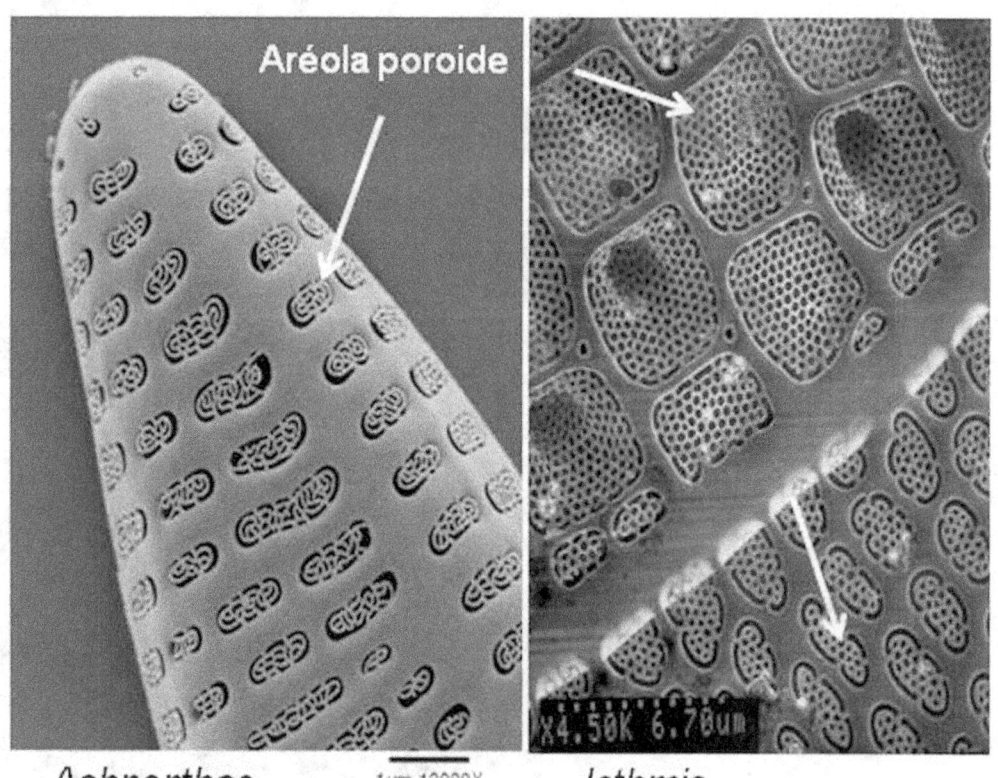

Aréola poroide

Achnanthes   1μm 13000X   *Isthmia*

Aréola loculada o loculus:

Aréola muy hundida en una superficie de la pared o capa basal silicea, cerrada por un velo en un lado y por un foramen en el otro lado. Como una cámara que tiene un piso y un techo.

Foramen:

Pasaje u orificio de la aréola opuesta al velo.

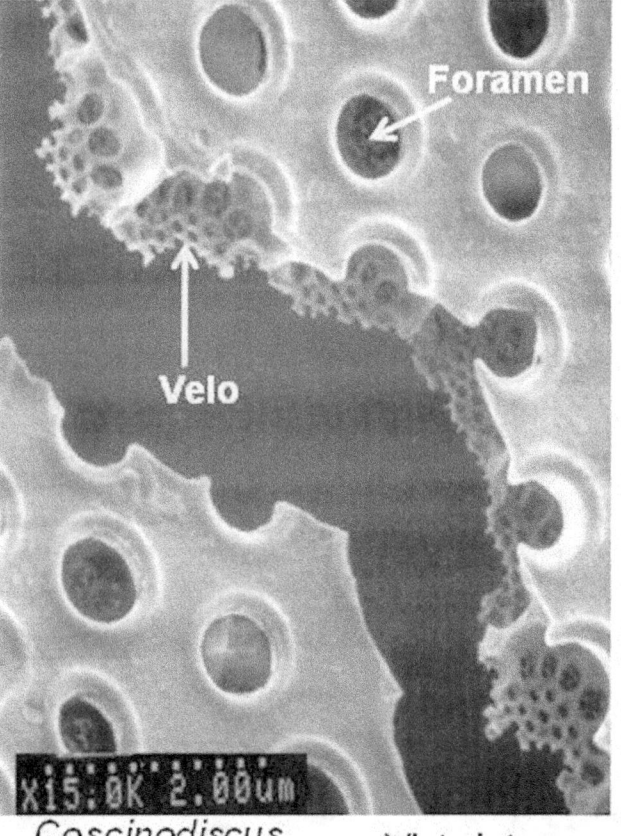

Coscinodiscus

Vista interna

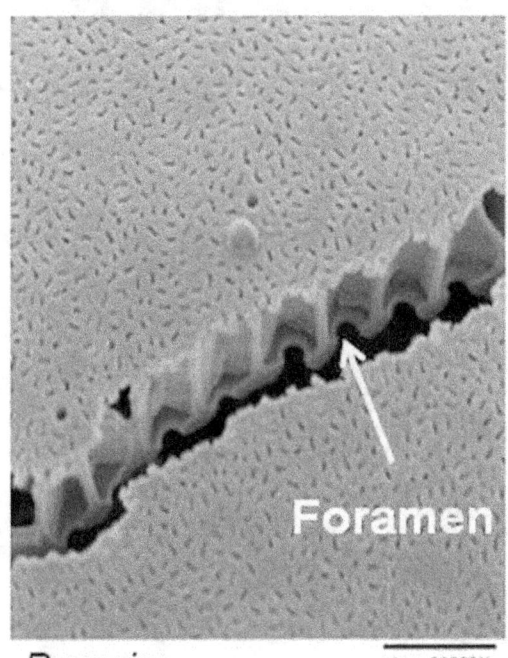

Porosira

1µm 20000X

Vista externa

Pseudolóculo:

Cámara formada por la parte exterior de la capa basal silícea, por expansión de la parte distal de las paredes. Abre hacia el exterior por un foramen con diferentes formas y al interior por un velum o pequeñas aréolas.

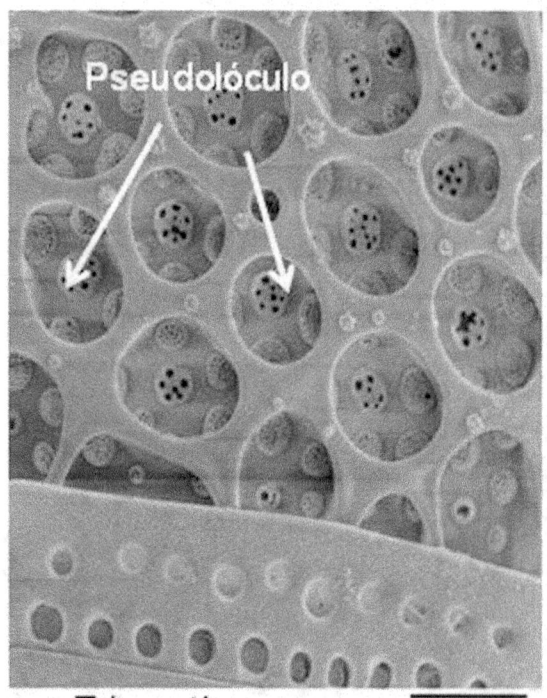

Triceratium   2µm 10000X

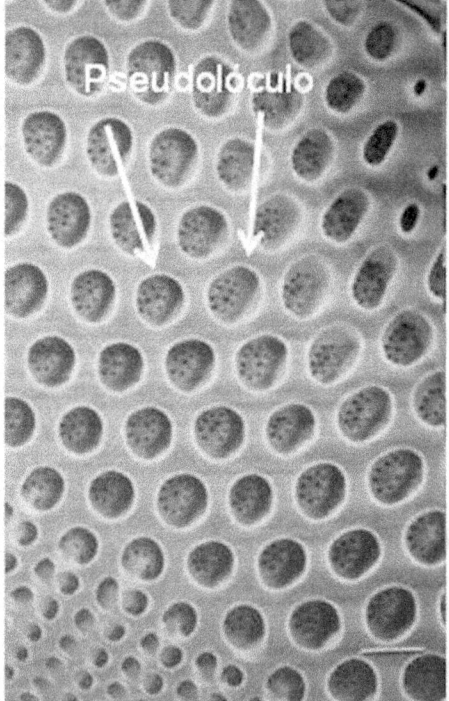

Mastogloia

Alvéolo:

Cámara elongada dirigida desde el centro de la valva al margen valvar, abierta hacia el interior y cubierta por una capa perforada hacia el exterior.

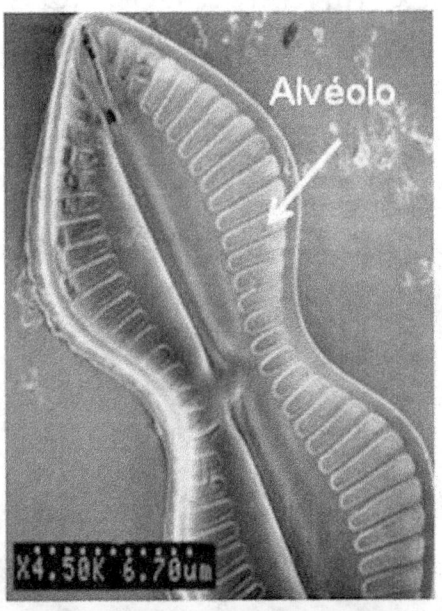

Alvéolo

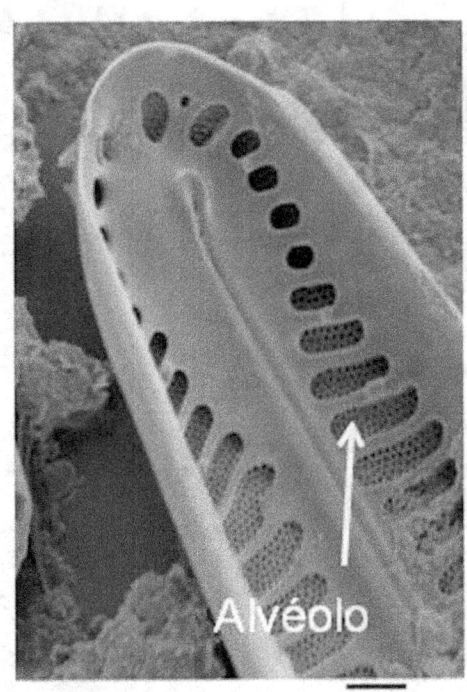

Alvéolo

Pinnularia 1µm 11000X

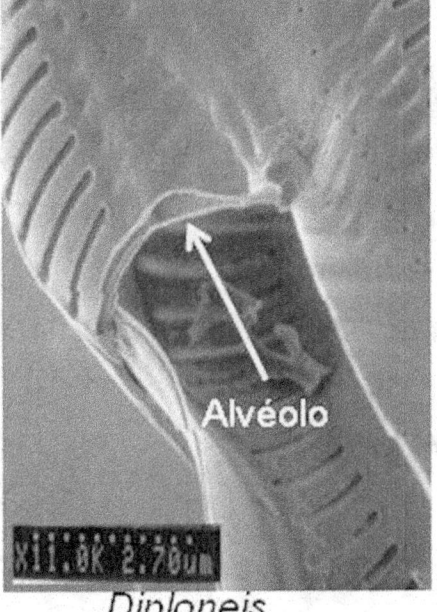

Alvéolo

Diploneis

19

Velo o velum:

Lámina delgada de sílice, perforada, que cierra o tapa una aréola.

Existen tres tipos básicos de velos:

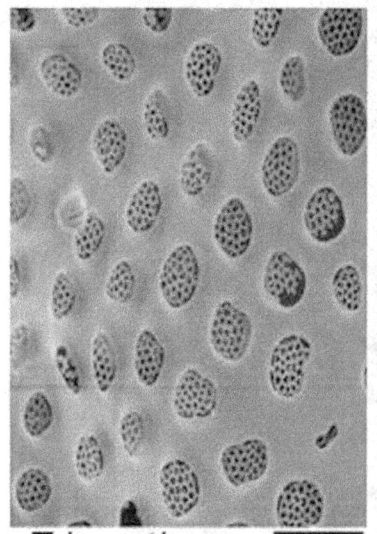

Triceratium   2μm 11000X

Lampriscus 2μm 9000X

Lioloma 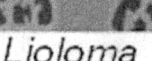 600nm 30000X

Cribra o cribrum: Velo perforado por poros en forma regular.

Rota: velo con una barra en el centro, separando dos áreas.

Vola: velo más complejo, formado por una red de varias barras silíceas que se proyecta del borde hacia el centro.

Himenio o himen: Capa o lámina muy delgada de sílice, con perforaciones pequeñas circulares o elongadas (no más de 15 nm), que cubren algunas aréolas en géneros Pennales, no se ha reportado en céntricas.

Ej. *Cocconeis, Nitzschia.*

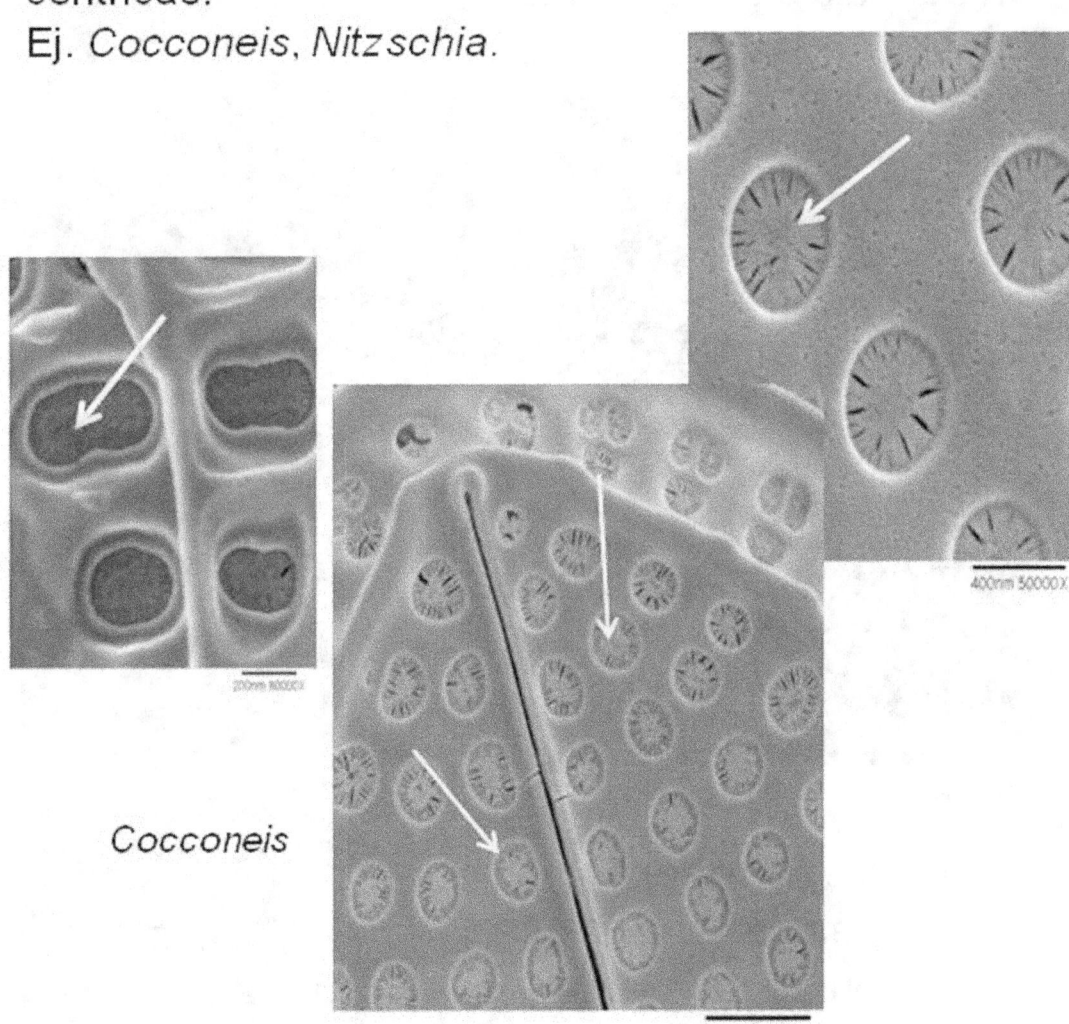

Cocconeis

Septo:

Lámina silícea que se proyecta en el plano valvar, desde el interior de la valvocópula o de todas las cópulas.

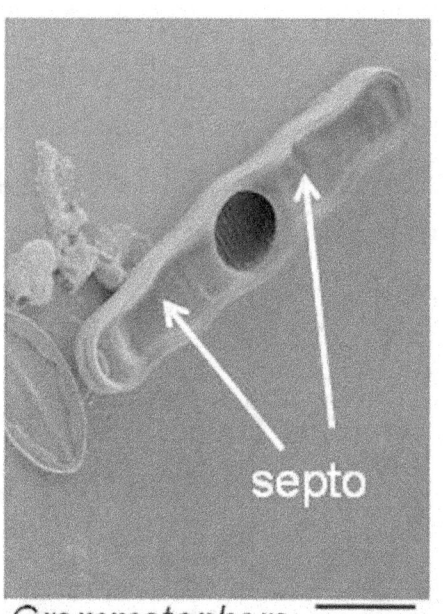

Grammatophora 10μm 2000X

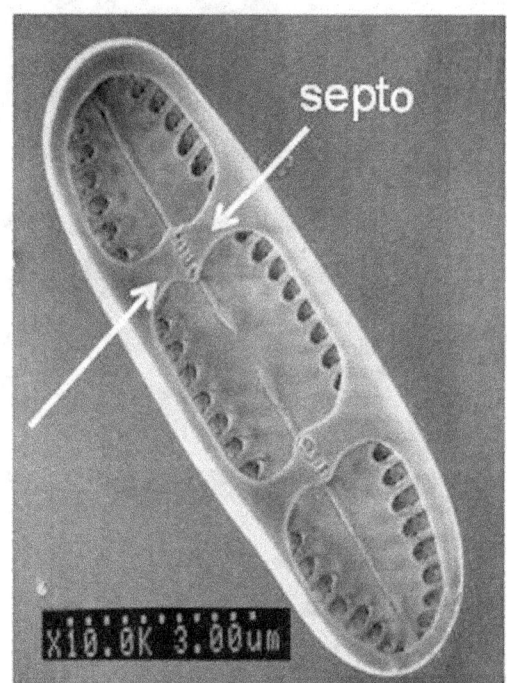

Diatomella

Pseudosepto: Lámina que se proyecta desde el interior del manto valvar.

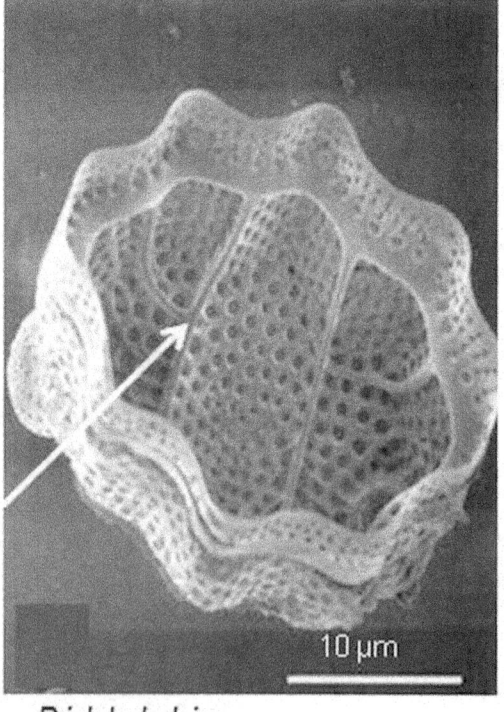

Biddulphia

Valvocópula:

Cópula adyacente a
la valva

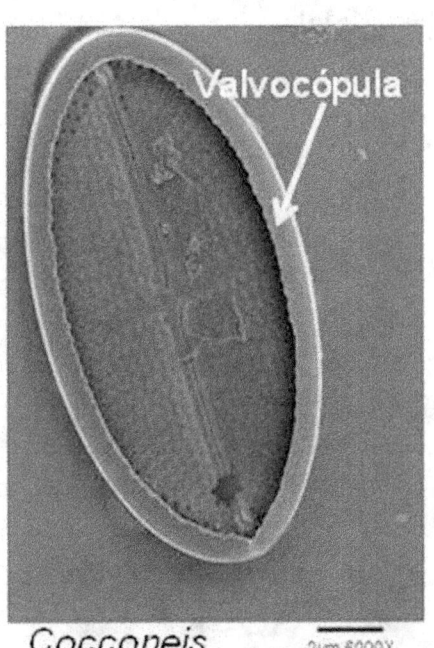

Valvocópula

Cocconeis 2μm 6000X

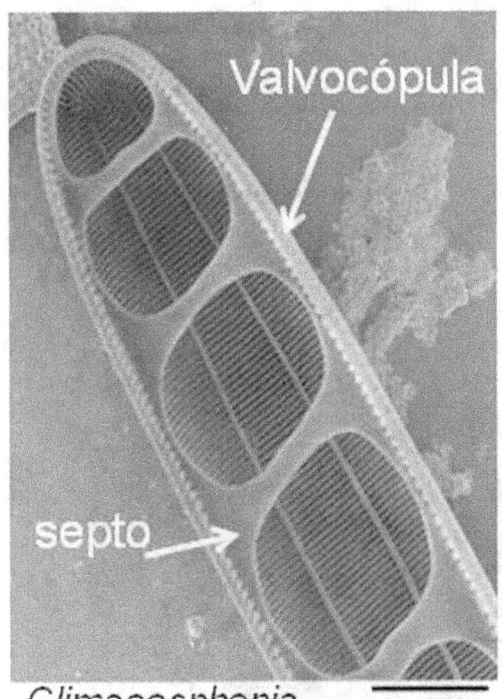

Valvocópula

septo

Climacosphenia 8μm 2500X

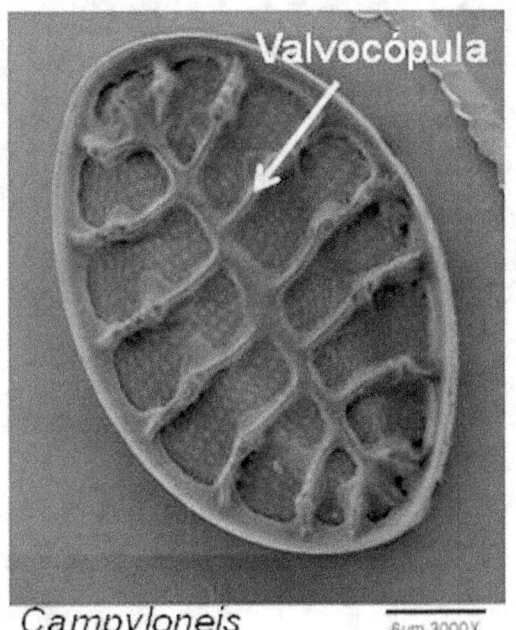

Valvocópula

Campyloneis 6μm 3000X

Anillo partectal:
Valvocópula
especializada en
el género *Mastogloia*.

Poros
loculares

4µm 5000X

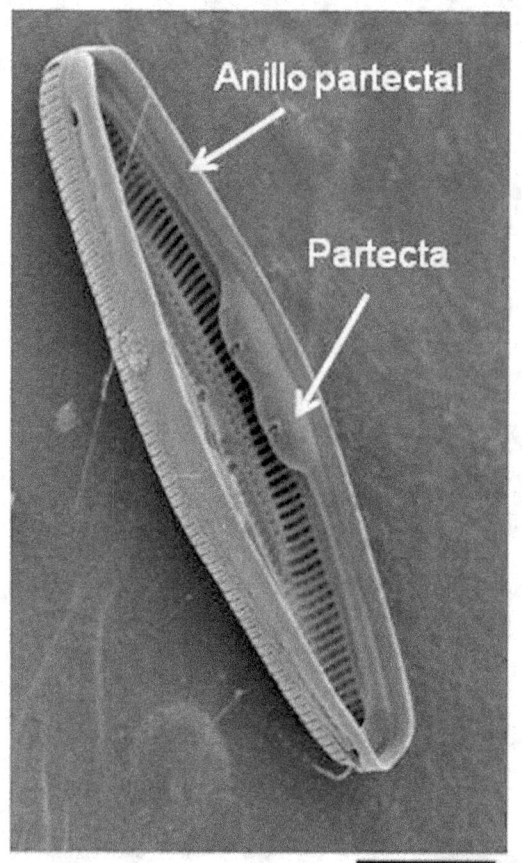

Anillo partectal

Partecta

5µm 4000X

Proyecciones silicificadas,
(spitze)

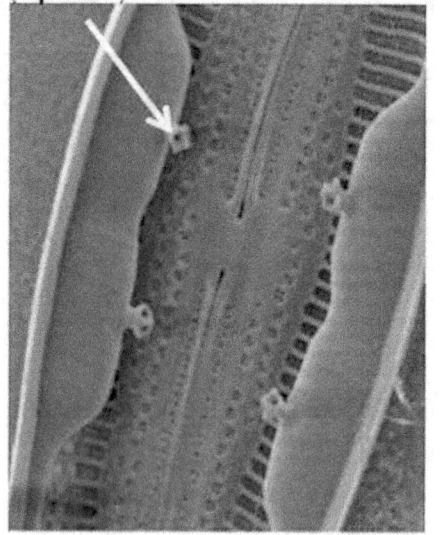

1µm 11000X

24

Partecta o partectum:

Cámara asociada con el anillo partectal o valvocópula especializada en *Mastogloia*. Conocidos antiguamente como lóculos. Conecta hacia el exterior por el conducto partectal, abriendo en el poro partectal. Puede tener ornamentaciones: puntos (puncta) loculares o partectales.

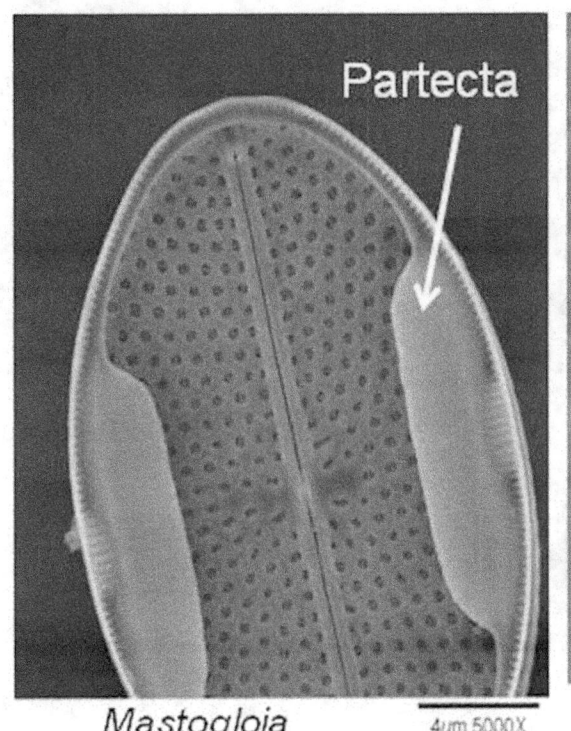

Partecta

Mastogloia   4µm 5000X

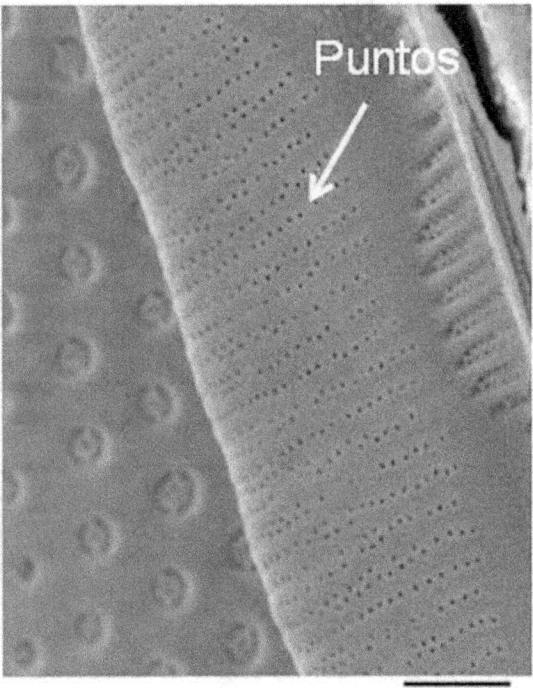

Puntos

1µm 18000X

Nódulo central:
Área que separa las
dos fisuras del rafe.
A veces más grueso
que el resto de la valva.

En algunas valvas con
rafe corresponde a la
zona media entre las
dos terminaciones
proximales del rafe no
perforada.

Nódulo terminal:
Área engrosada de la
pared silícea en los
extremos distales del
rafe.

Rafe-esterno: Banda
de sílice no perforada
engrosada que lleva
el rafe.

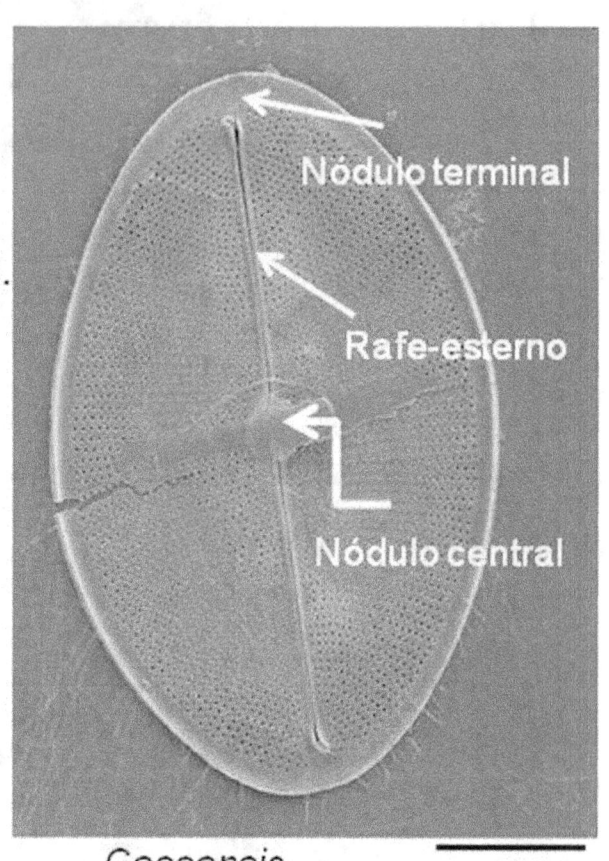

Cocconeis

6µm 3500X

26

Fisuras terminales:

Continuación de la fisura del rafe a través de los **nódulos**, pero no penetra la pared valvar.

Pueden ser fisuras terminales apicales o centrales. Externa o interna.

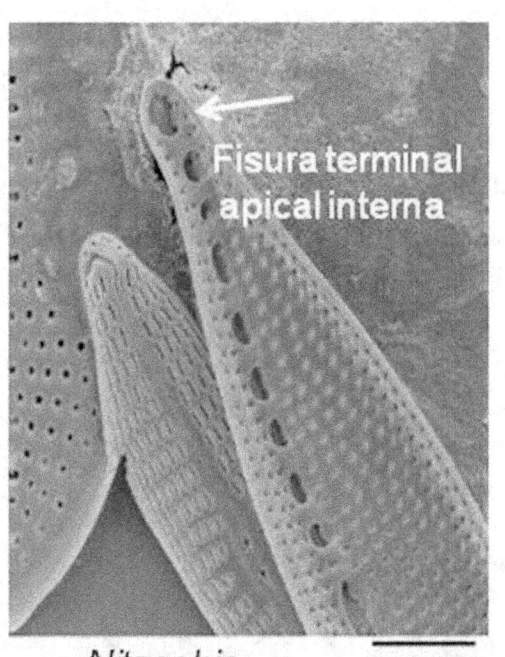

Fisura terminal apical interna

Nitzschia

2μm 10000X

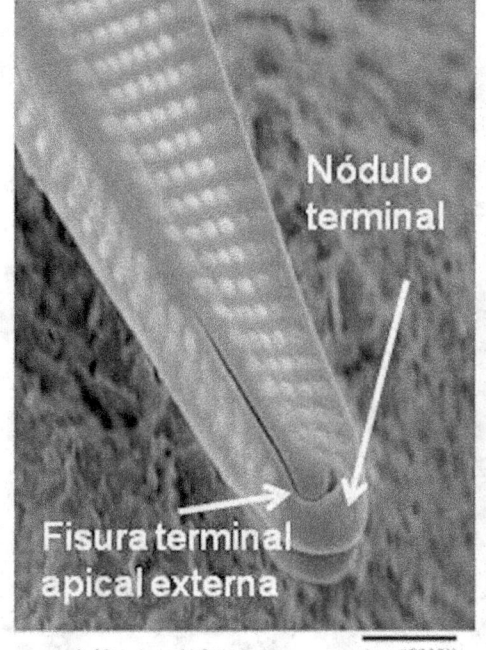

Nódulo terminal

Fisura terminal apical externa

Nitzschia

1μm 18000X

Pleurosigma

5μm 4500X

27

Fisura central:

Pueden tener diferentes formas y características.

Poro central del rafe: Expansión de la fisura de una rama del rafe adyacente al **nódulo central**, llamado también **extremo proximal**.

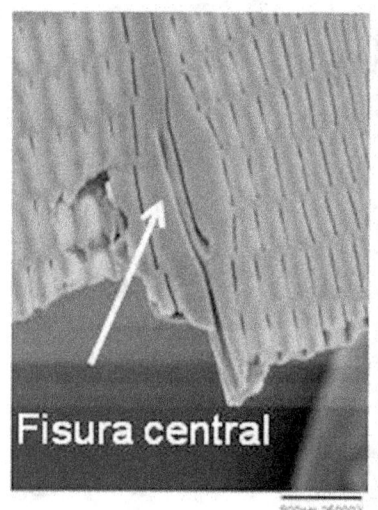

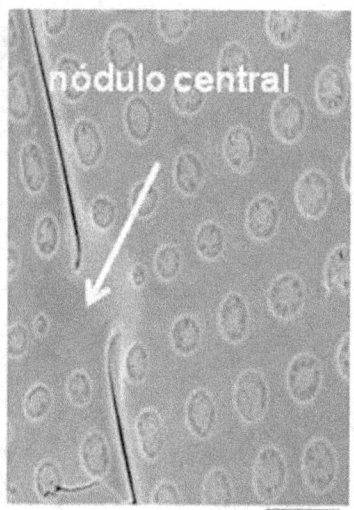

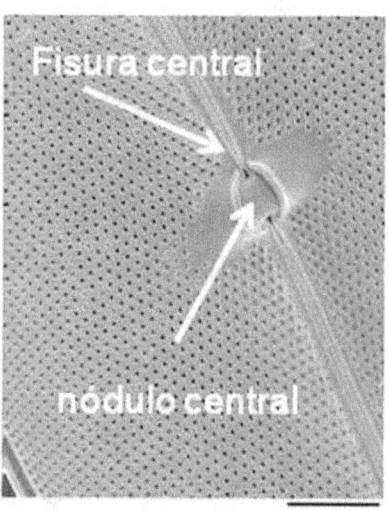

Externas

Internas

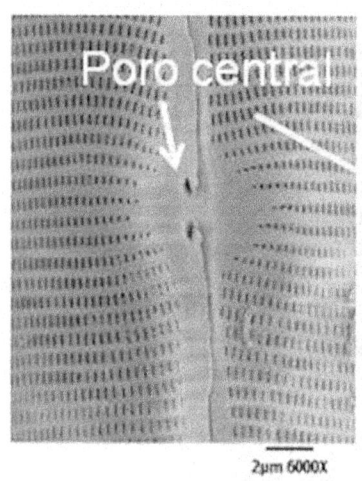

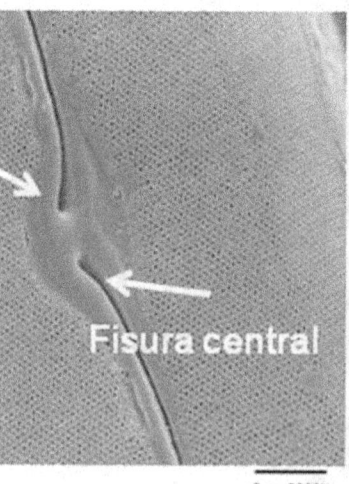

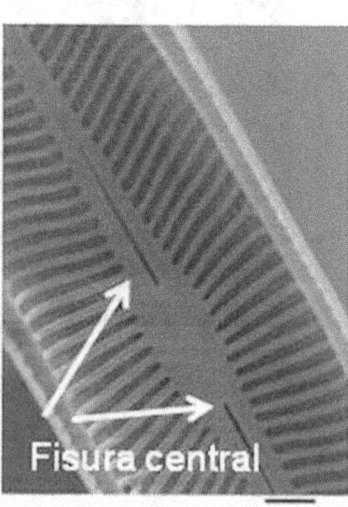

Helictoglosa:

Estructura silícea que se proyecta interiormente de la **fisura terminal** del rafe.

Ej. *Caloneis, Plagiotropis,* algunas especies de *Navicula.*

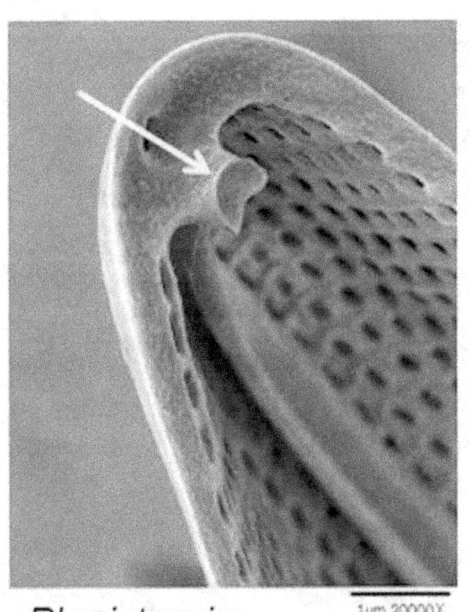

Plagiotropis

1µm 20000X

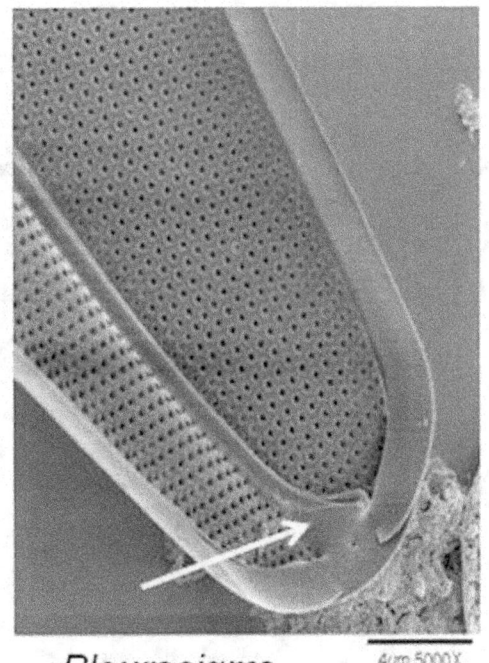

Pleurosigma

4µm 5000X

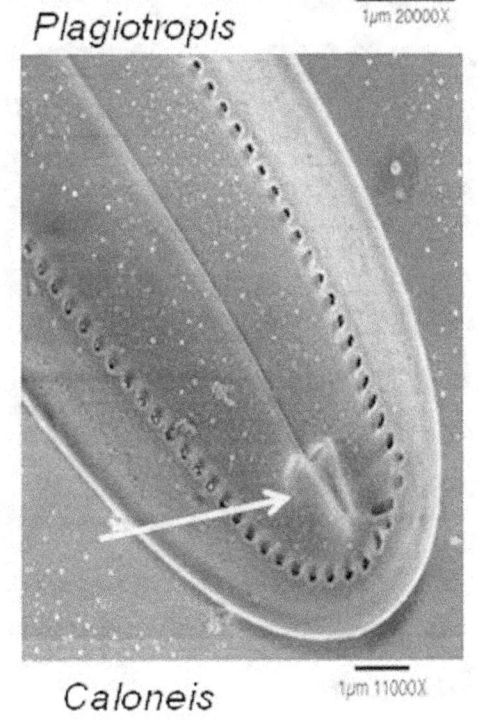

Caloneis

1µm 11000X

Esterno o sternum:

Área hialina, elongada de la valva sin aréolas o estrías, entre los dos ápices de la valva. Conocida antiguamente como **pseudorafe** o **área axial.**

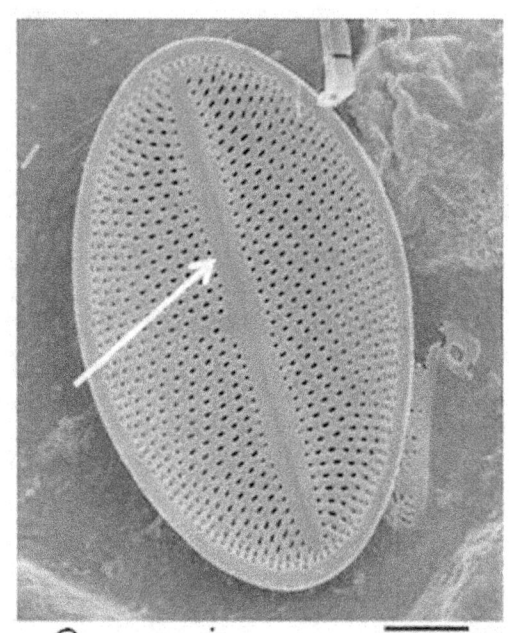

Cocconeis

2μm 8000X

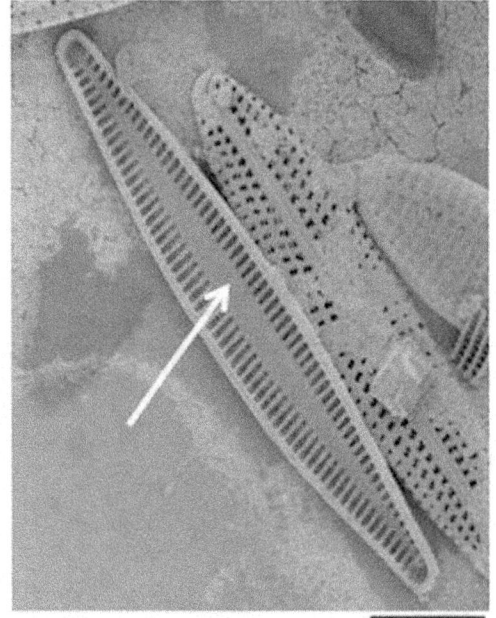

Tabularia

6μm 3500X

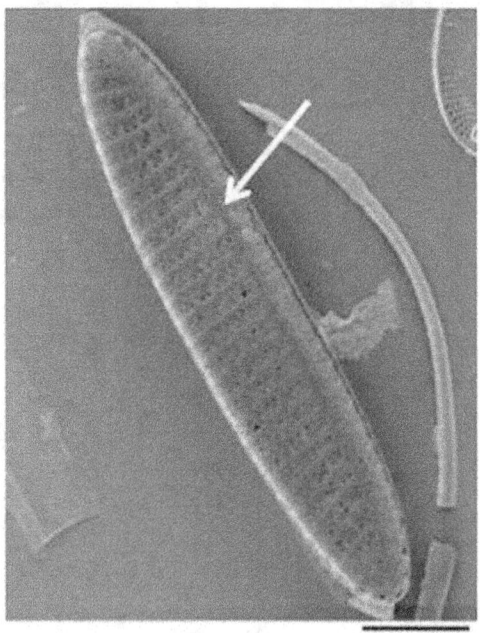

Achnanthes

5μm 4000X

30

Polo basal y polo apical:

Términos usados para
referirse a células que
viven adheridas o unidas
por el polo basal (foot
pole), el otro extremo es
el polo apical (head pole).

Por tener esta forma, las
células se conocen como
heteropolares, contrario a
las isopolares, que tienen
los dos polos iguales.

Se mide el eje
transapical (ancho) en
los dos polos.
Multiscissura:
hendiduras en el manto
del polo basal en el
Gén. *Licmophora*.

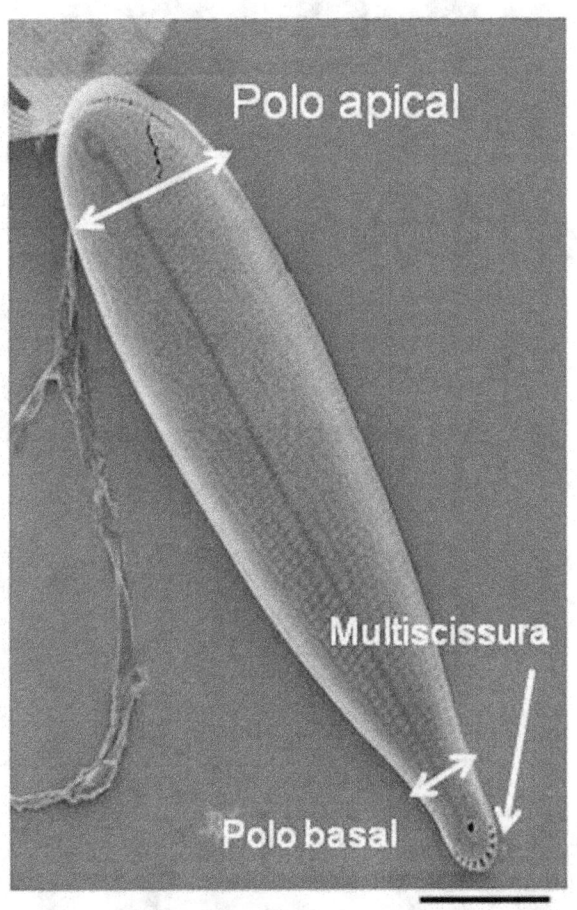

Licmophora   5μm 4000X

Proceso labiado o rimopórtula:

Tubo o una simple abertura a través de la pared valvar. Puede tener o no una extensión exterior, abriendo al interior por una proyección rodeado por dos labios. Con pedúnculo o sésiles.

Existen macro y microrimopórtula

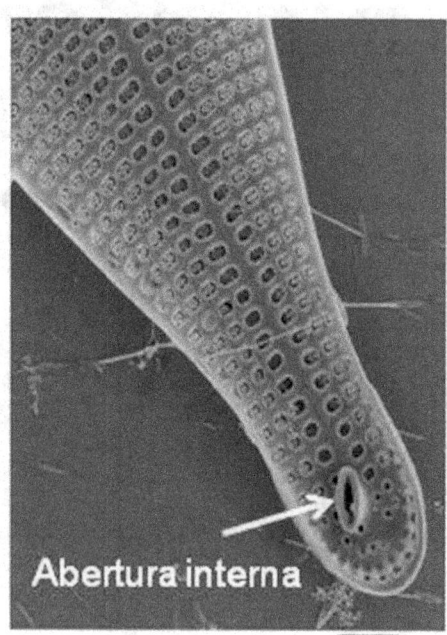

Abertura externa

Licmophora   1µm 15000X

Abertura interna

1µm 13000X

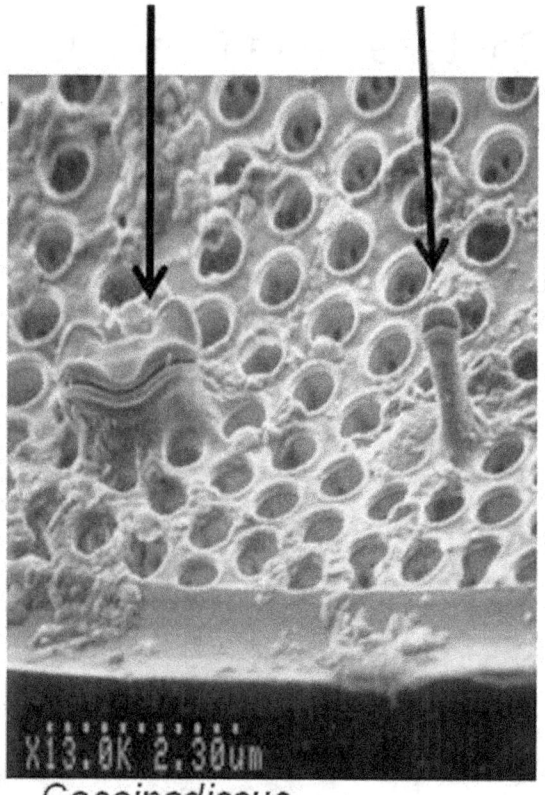

X13.0K 2.30um

Coscinodiscus

Vista interna

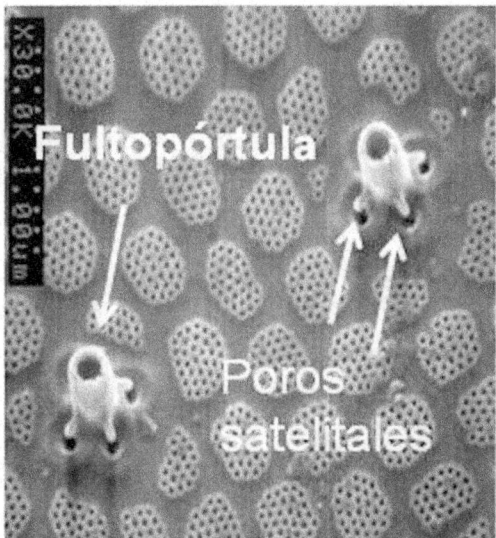

Proceso reforzado o fultopórtula: tubo delgado que perfora la pared valvar, rodeado en la base por varios poros satelitales.

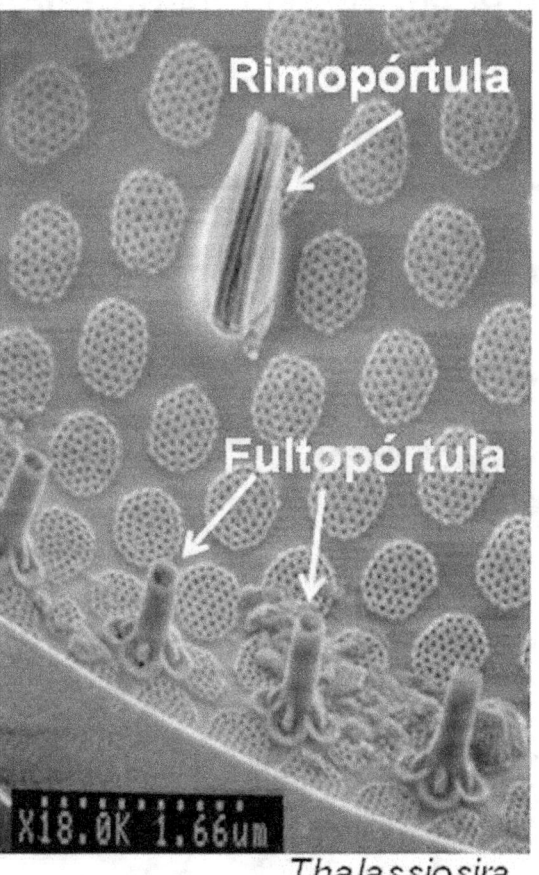

Thalassiosira

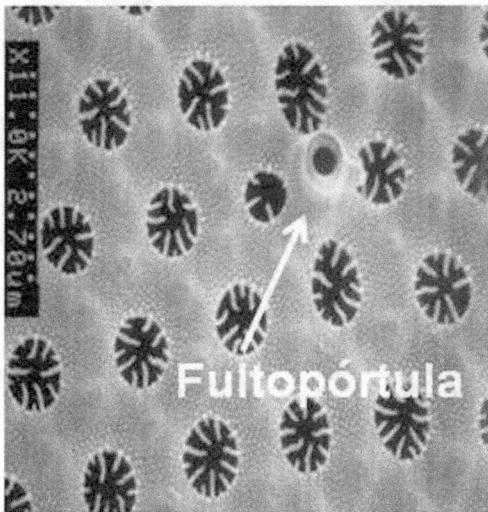

Vista externa   *Thalassiosira*

33

En el género *Skeletonema*, los **procesos reforzados** (fultopórtulas) forman un solo anillo cerca del manto valvar, uniendo dos células adyacentes. Son semicirculares y se expanden en los ápices entrelazándose con los opuestos.
Puede existir una **rimopórtula** cerca del centro valvar.

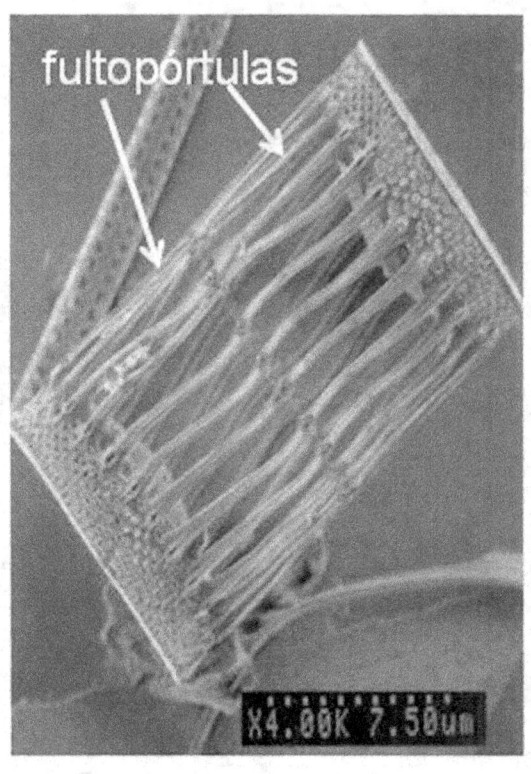

fultopórtulas

X4.00K 7.50um

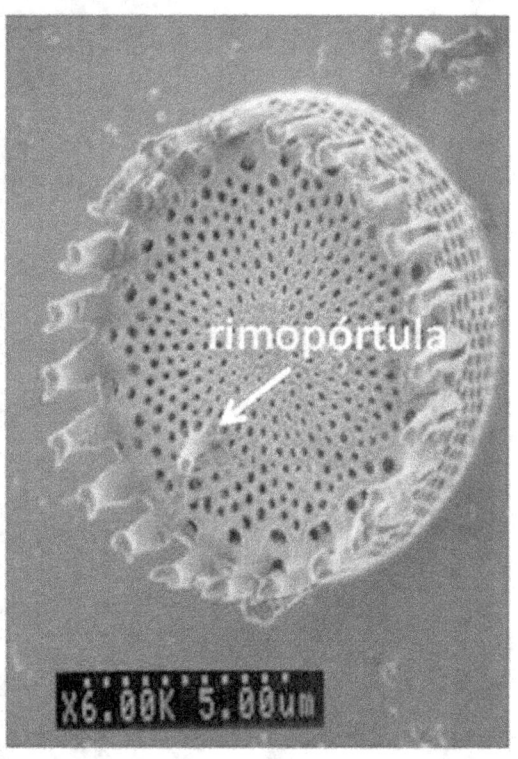

rimopórtula

X6.00K 5.00um

34

Área apical de poros:

Zona de pequeños poros situada en el ápice de las valvas. Los poros pueden ser redondos o elongados dispuestos en líneas longitudinales o concéntricas. Zona de secreción de mucílago.

Si el área esta hundida, se le llama **ocellulimbus.**

Rhabdonema   5μm 4000X

Grammatophora   2μm 7000X   *Neosynedra*   2μm 7000X   *Cyclophora*   1μm 15000X

Ocellulimbus:

Placa apical hundida de pequeños poros (porelli), distribuídos en líneas verticales. Está rodeada por un borde liso silíceo.

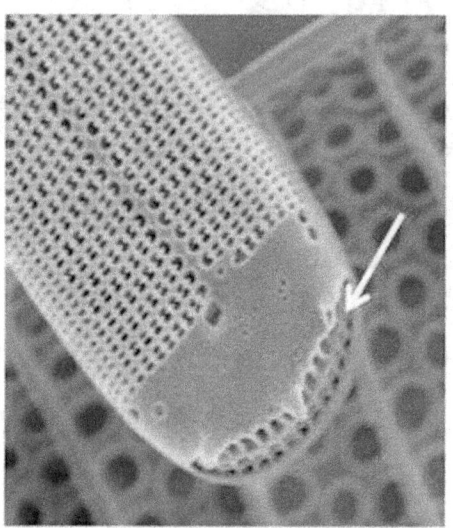

Hyalosynedra 1μm 20000X

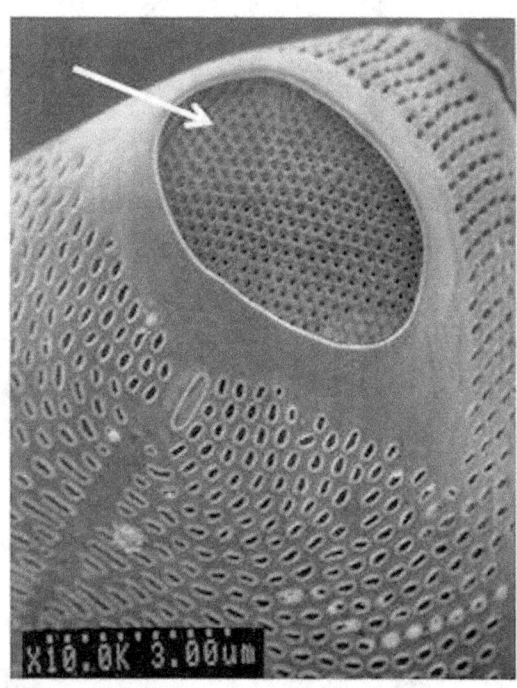

Striatella

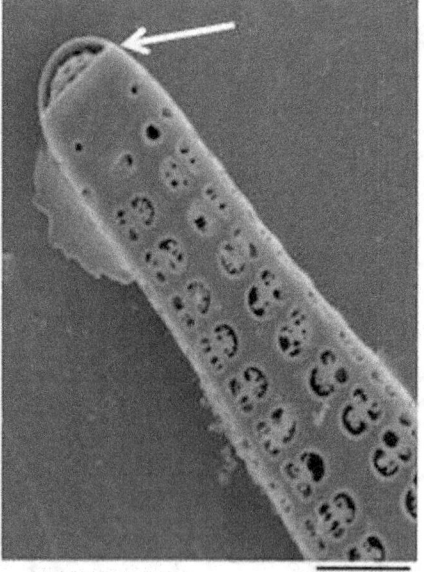

Tabularia 1μm 20000X

Lígula: Parte de la cópula o banda en forma de lengua que ocupa el espacio de la cópula abierta abvalvar adyacente.

Antilígula: Parte opuesta de la lígula, que ocupa el espacio de la cópula abierta advalvar adyacente.

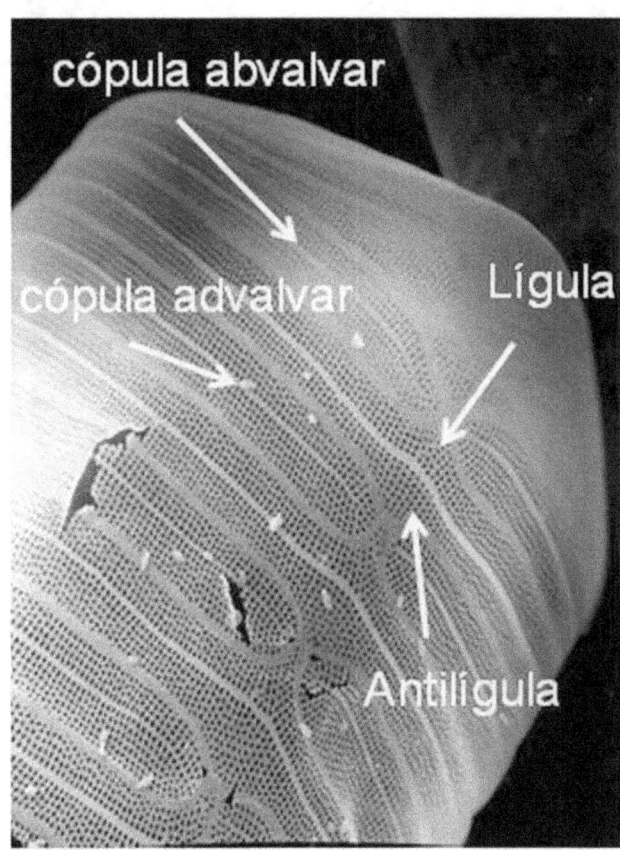

Florella

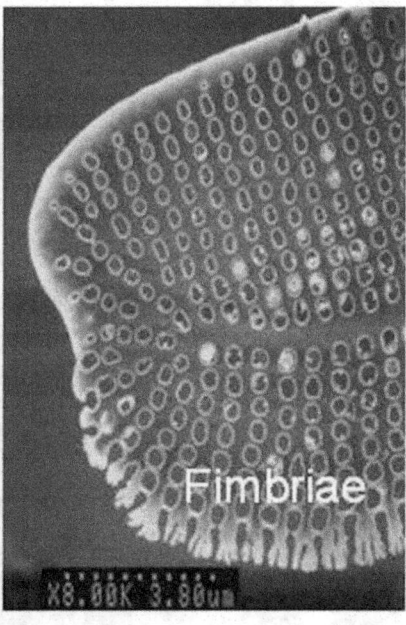

Fimbriae: Proyecciones en el margen de cópulas (pars interiors) que une con la valva o cópula adyacente.

Costilla o costae:

Engrosamiento interno silíceo, que puede ser : transversal , si se dispone en el plano transapical o apical si se dispone paralelo a los bordes o al rafe, en el plano apical.

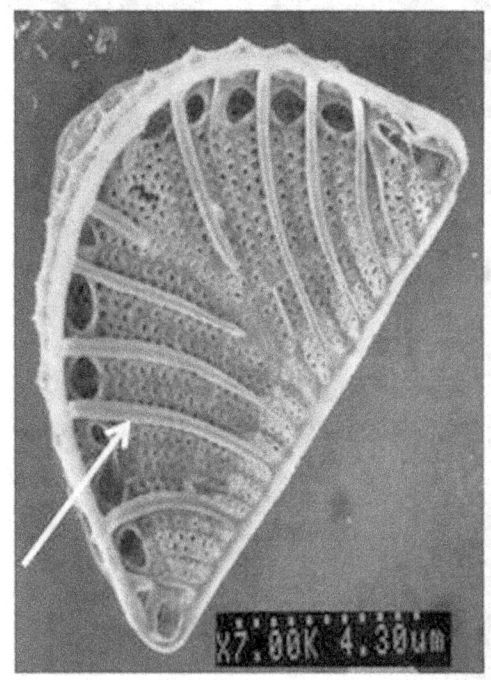

Rhopalodia

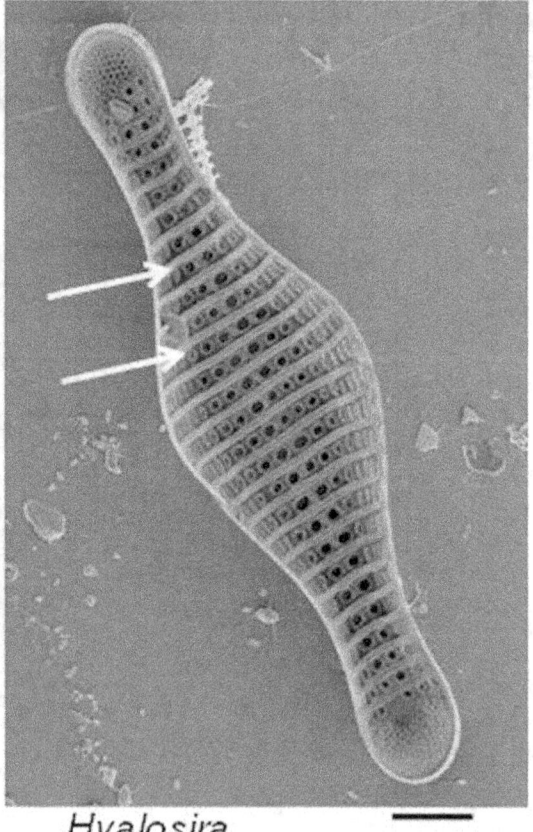

Hyalosira

Pseudonódulo:

Estructura marginal o casi marginal, siempre una por valva.

Annulus: Anillo central, del cual salen radialmente estrías o costillas. El área interior es diferente al exterior. Si tiene poros, éstos están distribuidos irregularmente.

Vista interna

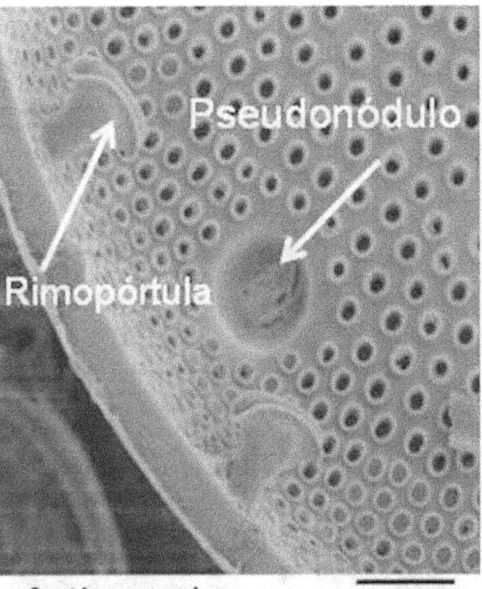

Actinocyclus   2µm 9000X

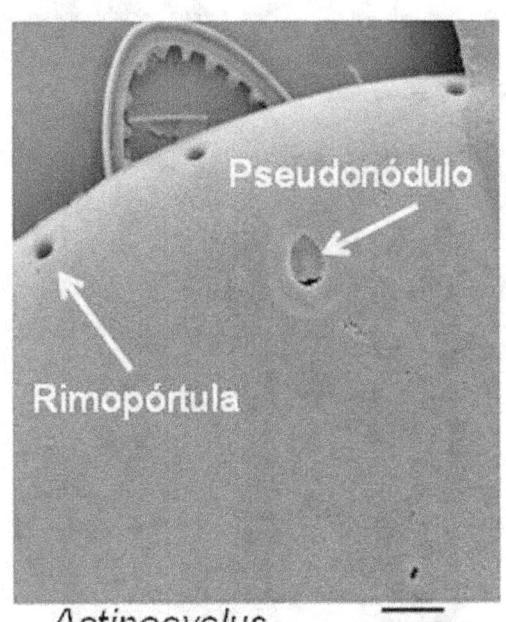

Actinocyclus   2µm 6000X
Vista externa

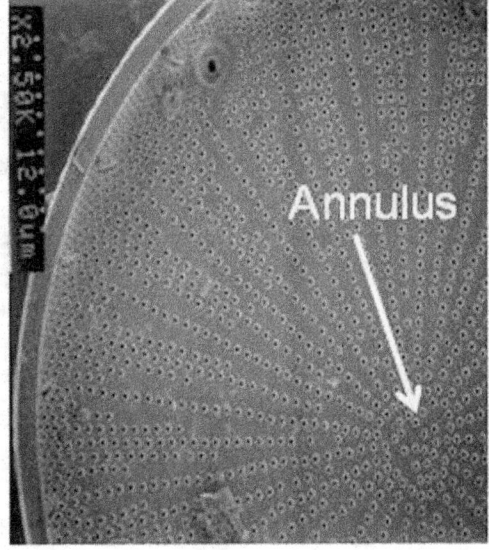

Ocelo:

Placa de sílice, con pequeñas perforaciones llamadas porelli (singular: porellus), rodeada por un borde grueso y liso.

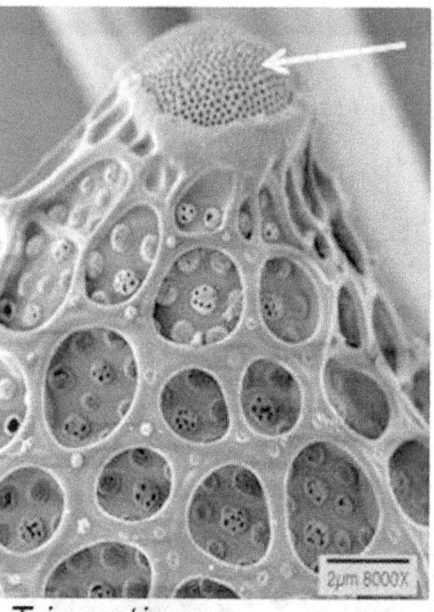

Triceratium

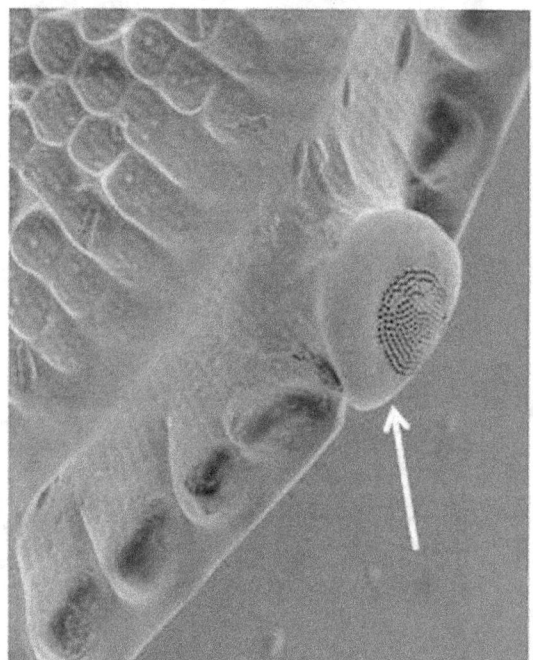

Eupodiscus

6µm 3500X

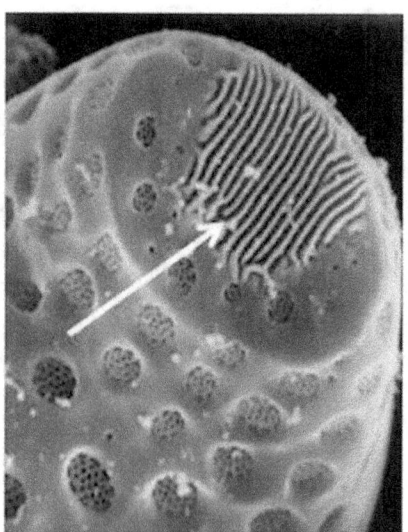

Ocelo costillado:
con costillas silíceas entre las líneas de porelli.

Eucampia

Pseudocelo

Zona de la valva con areolas mas pequeñas que en el resto de la superficie valvar. Puede estar en una elevación valvar.

Ej . *Biddulphia*

Elevación valvar: Parte de la cara valvar elevada que no se proyecta mas allá del margen valvar.

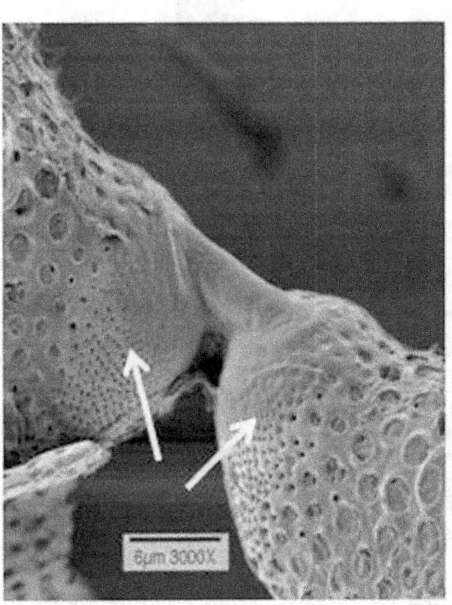

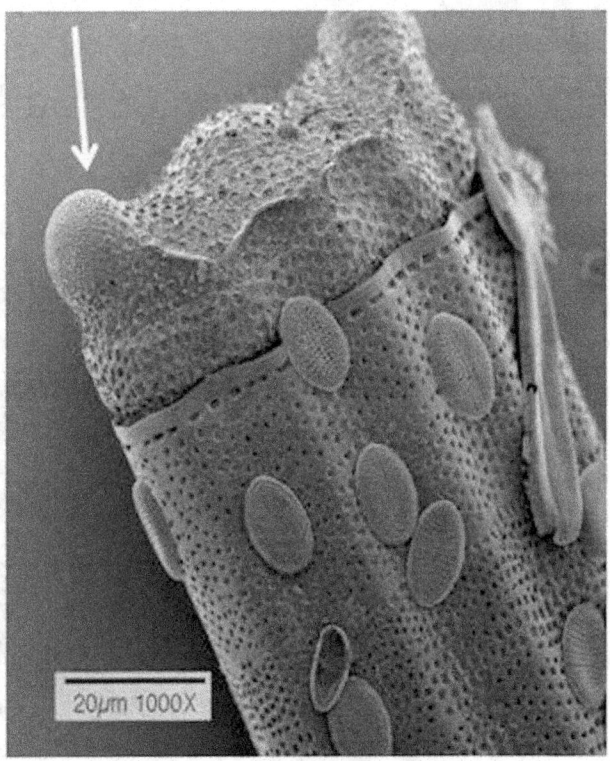

Fíbula: Puente silíceo entre los lados del canal del rafe. Se le llamaba punto carenal o punto de la quilla (keel punctum).

Se cuenta su número en 10 µm.

Interespacio: Espacio entre dos fíbulas. Pueden ser iguales o no.

Interespacio central: Espacio entre dos fíbulas centrales. Puede existir o no.

Interestría: Barra no perforada de la capa silícea basal entre dos estrías.

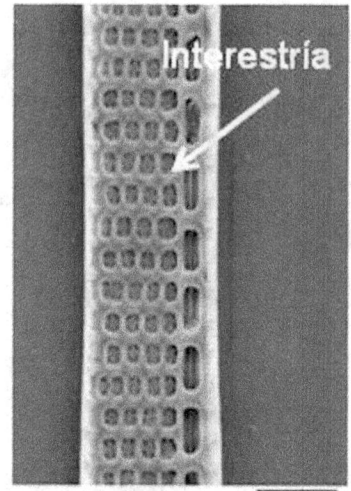

Pseudo-nitzschia   1µm 20000X

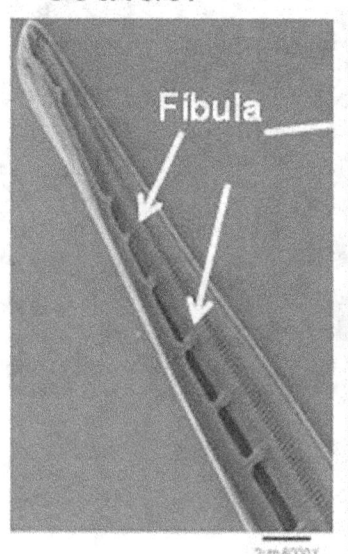

2µm 6000X

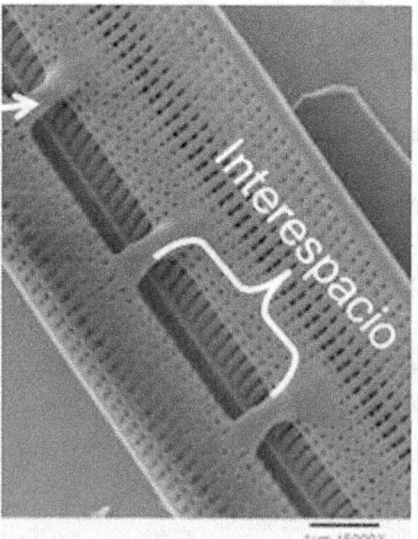

1µm 15000X

Nitzschia

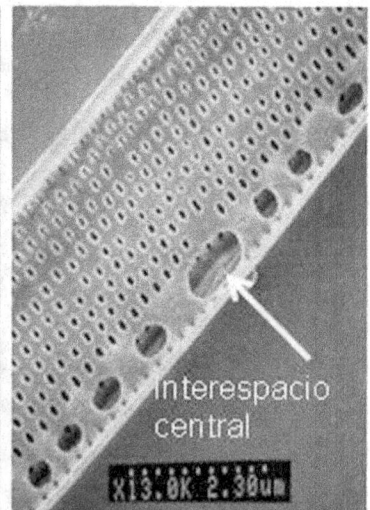

42

Quilla (keel): Parte superior de la elevación valvar que lleva el rafe.

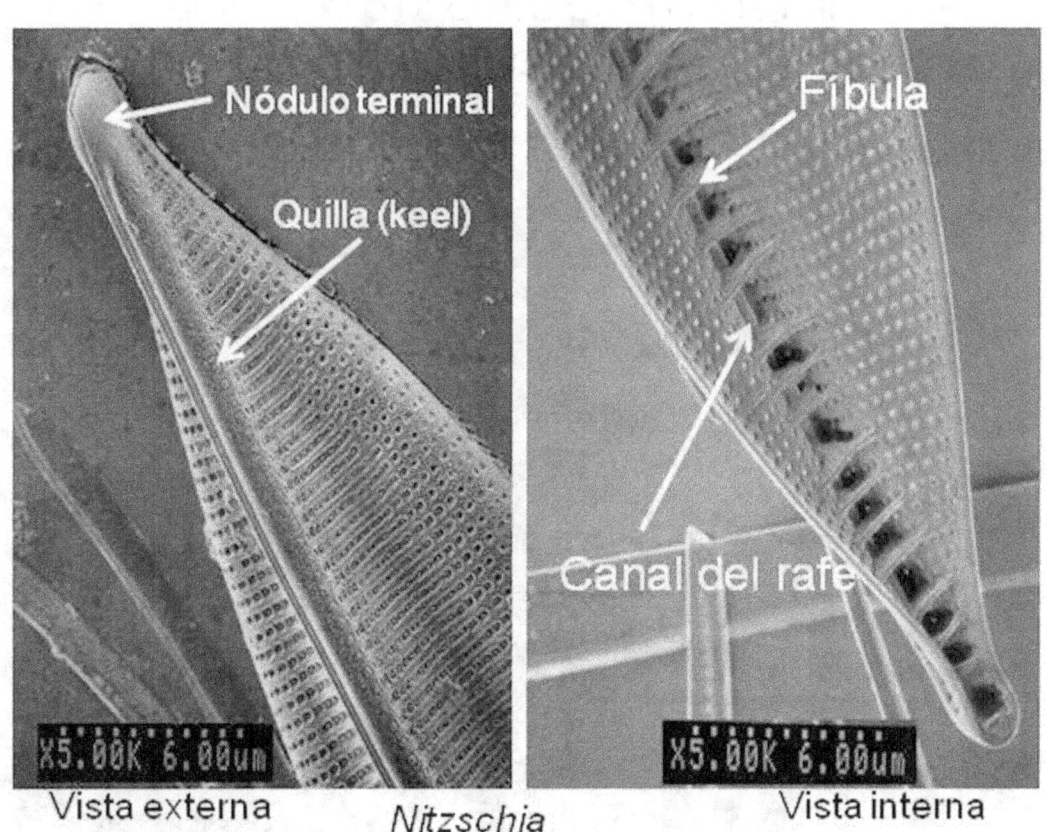

Vista externa *Nitzschia* Vista interna

Elevación del rafe o quilla elevada: Elevación de la cara valvar que lleva el rafe, pero no tiene estructuras especializadas como la quilla común.
Puede ser: recta (*Plagiotropis*) o sigmoide (*Entomoneis*: con quilla alada).

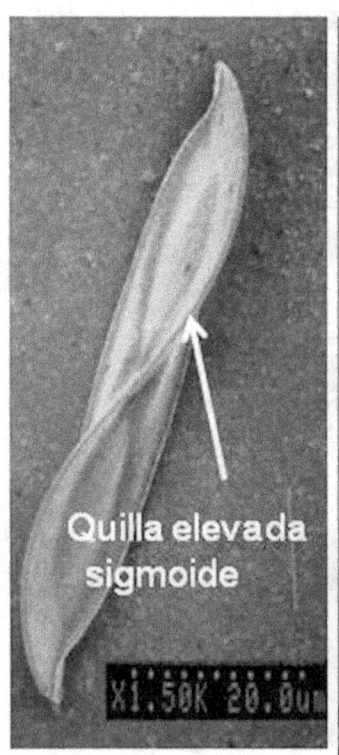

Entomoneis

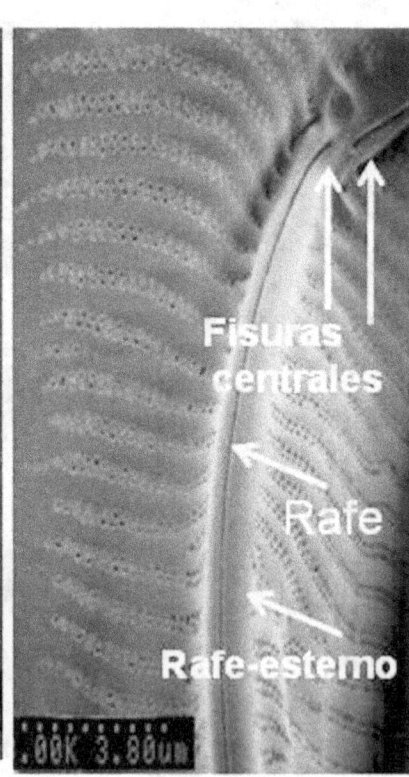

Vista externa

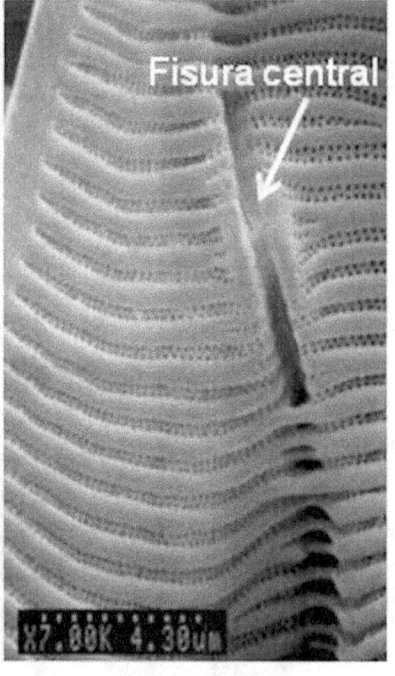

Vista interna

Alas de la quilla: una quilla muy elevada que tiene espacios o ventanas, llamadas fenestras. Área donde la cara valvar y el manto se han fusionado. Alternadas con canales alares, que son conexiones entre el interior del frústulo y el canal del rafe.

Las fenestras pueden estar abiertas o cerradas por capas de sílice.

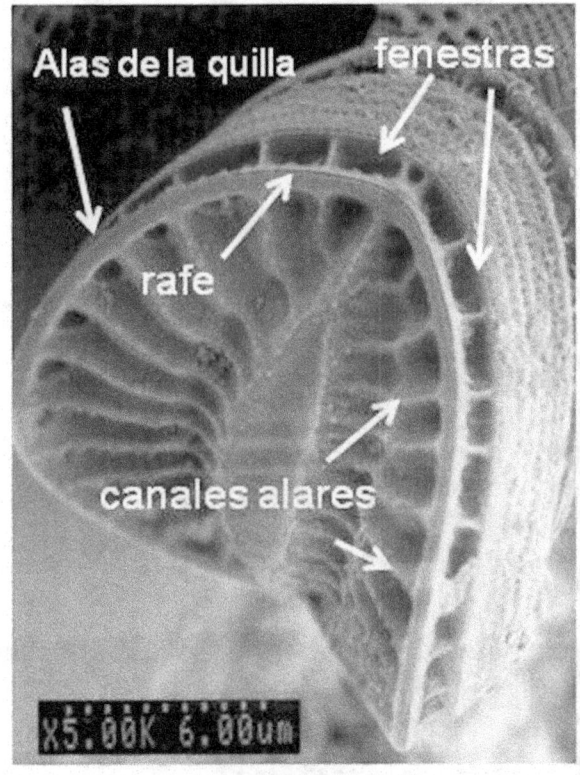
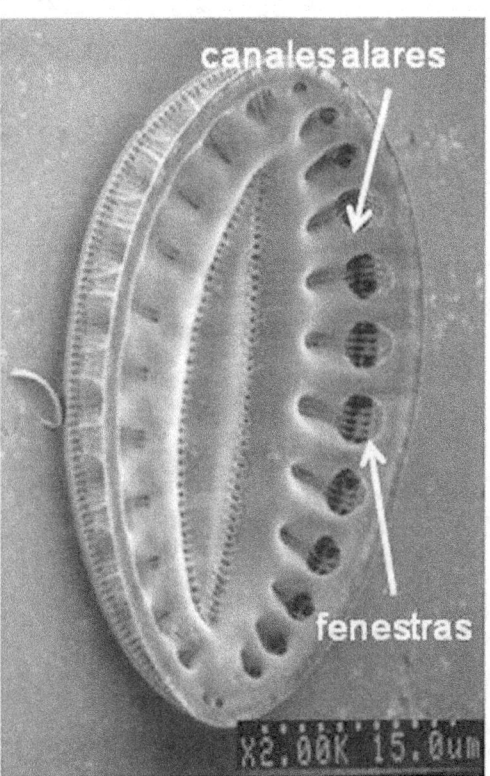

Campylodiscus   *Surirella*

Zona dorsal y ventral de la valva :

En algunos géneros la valva se divide en dos zonas separadas por el rafe:

Dorsal: Generalmente más extendida y ornamentada con estrías o aréolas.

Ventral: A veces hialina o con menos estrías. Lleva el rafe en algunas especies.

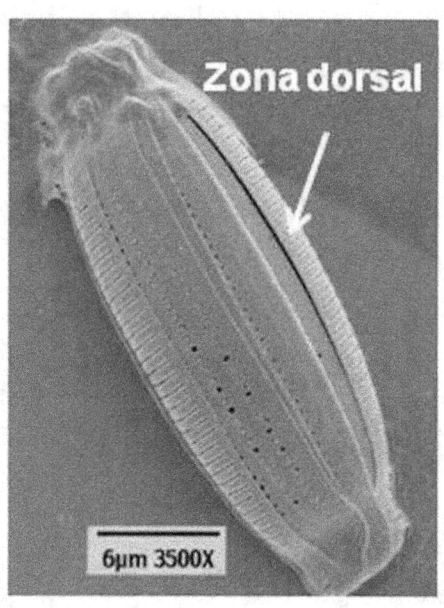

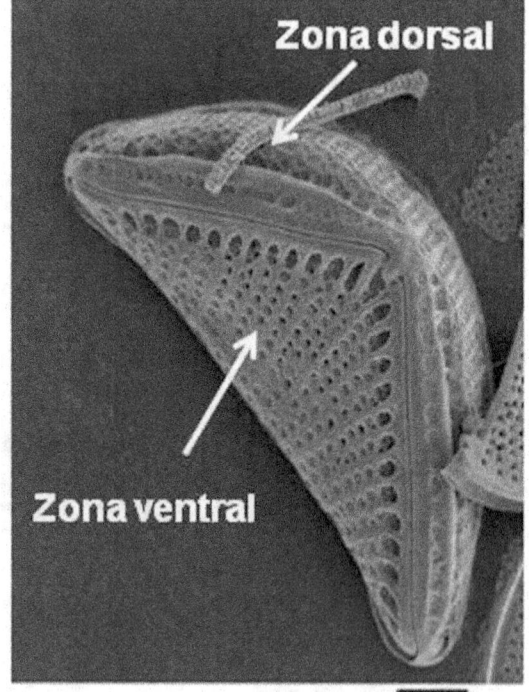

Rhopalodia

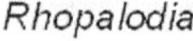

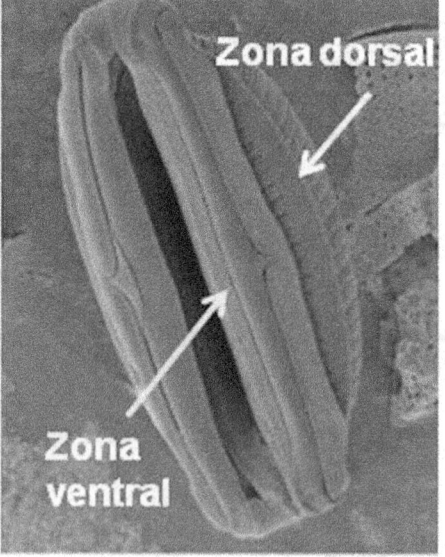

Amphora

Área lateral:

Zona expandida hialina en dirección apical que divide las estrías, llamadas también esternos laterales.

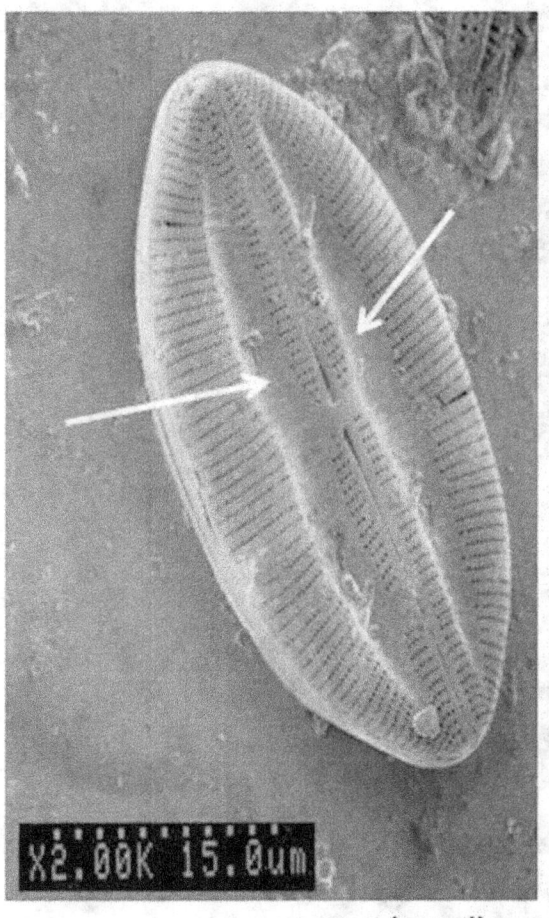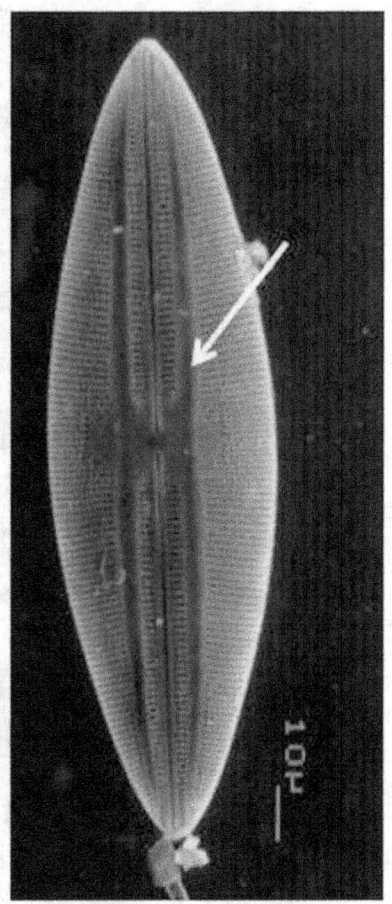

Lyrella

Espina: Tubo sólido de sílice que se proyecta externamente desde la superficie valvar.
Espínula: Espina muy pequeña en la superficie valvar.
Gránulos: Proyecciones pequeñas redondeadas en la valva.

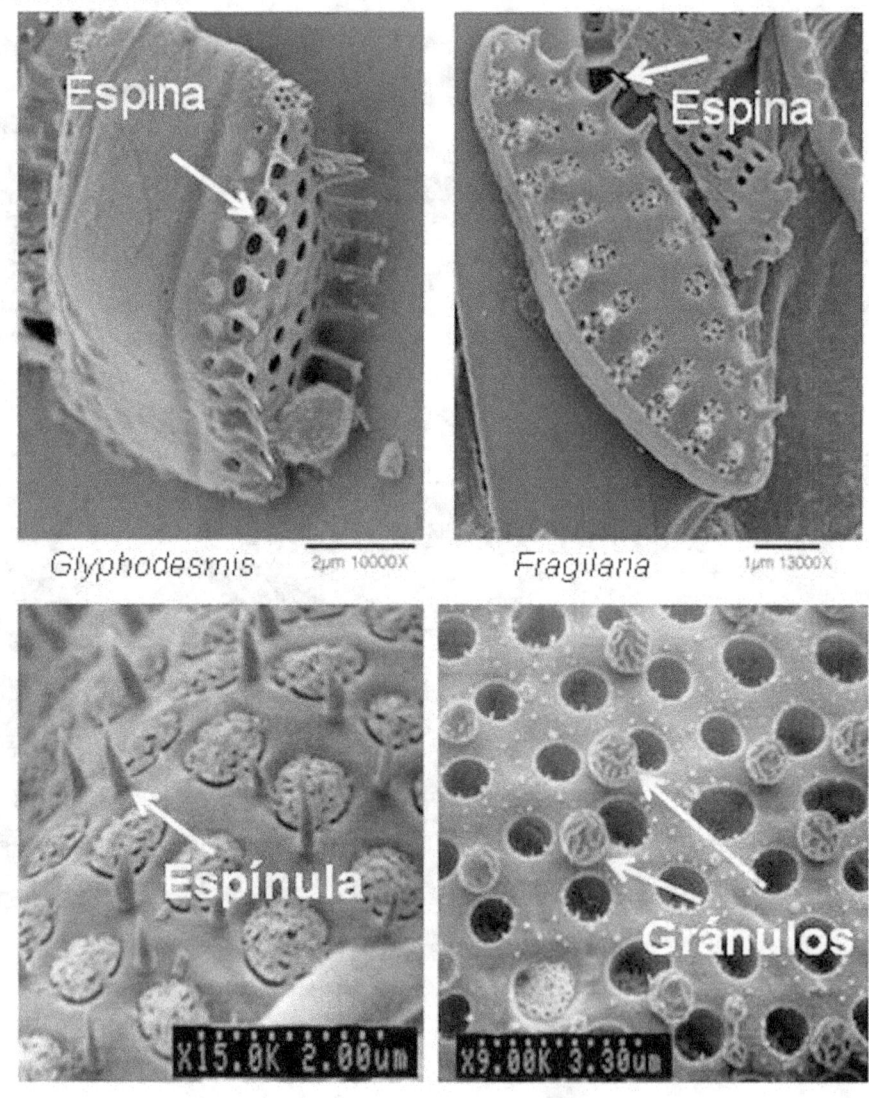

Glyphodesmis   2µm 10000X

Fragilaria   1µm 13000X

Seta:

Prolongación de la valva que se proyecta mas allá del *margen* valvar.

Pueden ser setas terminales, si pertenecen a las células de los extremos de una colonia.

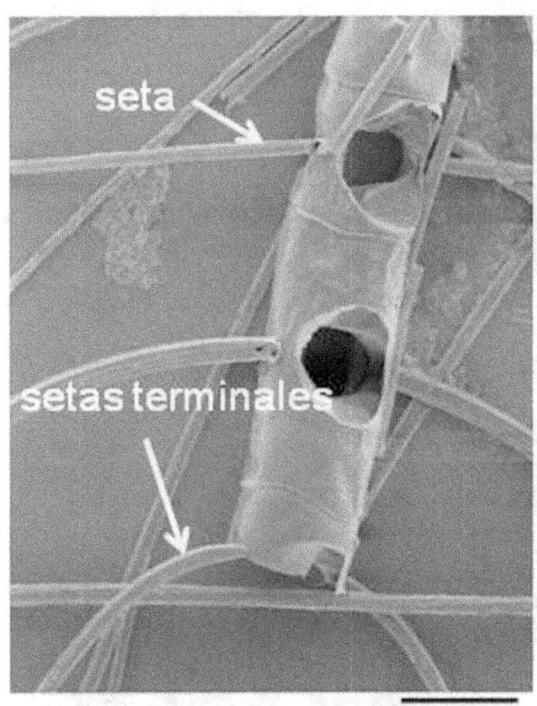

Chaetoceros

10µm 2000X

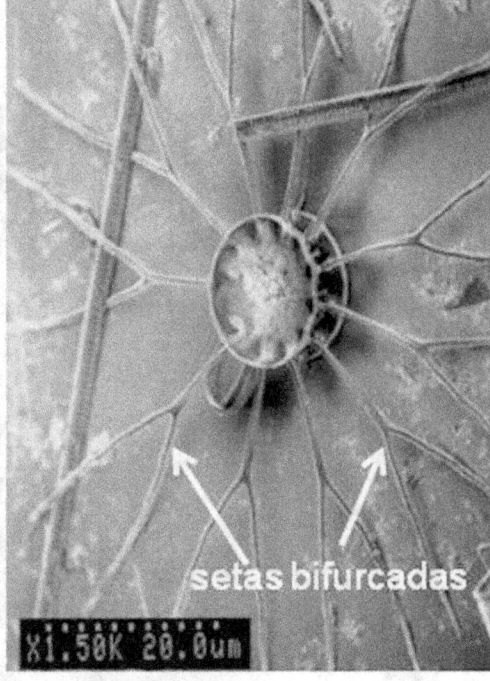

Bacteriastrum

Otaria: Costillas cortas que se disponen en forma opuesta en la base exterior,
del tubo externo de la rimopórtula (proceso labiado) en algunas especies de *Rhizosolenia*.

Proboscis: Parte elongada de la valva con el extremo romo o truncado, encaja en una grieta de la valva adyacente cuando están en cadenas.

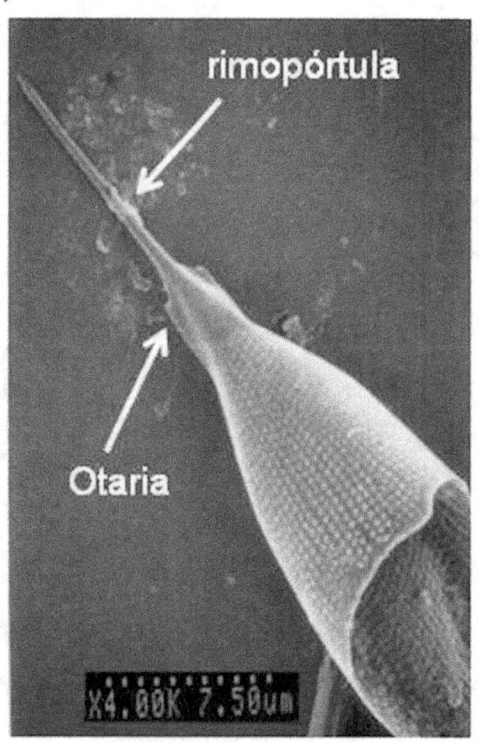

Rhizosolenia

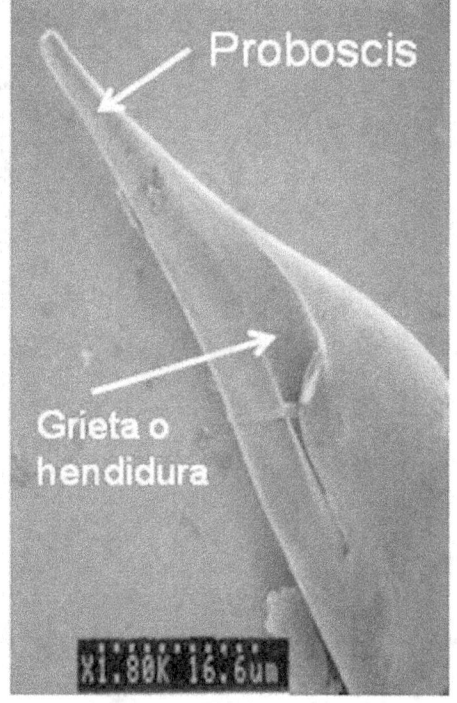

Proboscia

Estauro:

Nódulo central expandido transapicalmente que puede llegar o no al margen valvar.

Fascia:

Es una extensión del área central formando una banda hialina, no perforada, en dirección transapical.

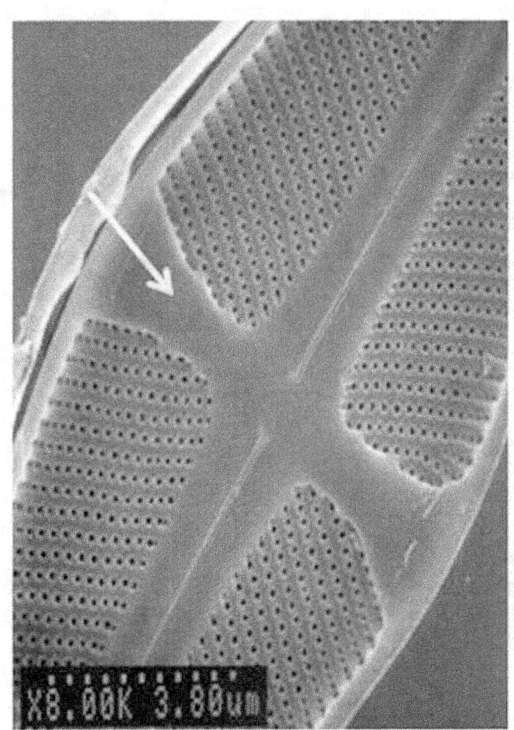

Stauroneis

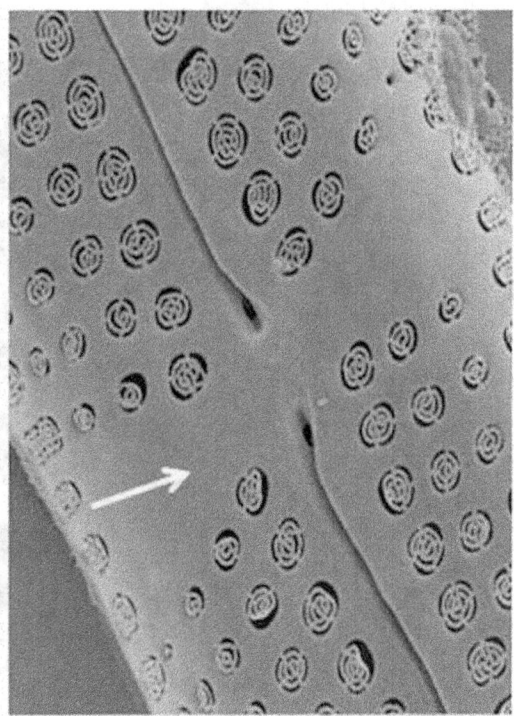

Achnanthes

1μm 13000X

Conopeo o conopeum:

Una capa de sílice lisa adherida cerca del rafe esterno y que se extiende sobre la valva hacia el margen valvar.

Pseudoconopeo:

La capa se origina a mayor distancia del rafe esterno y su borde se une con la cara valvar formando una cavidad abierta en los dos extremos.

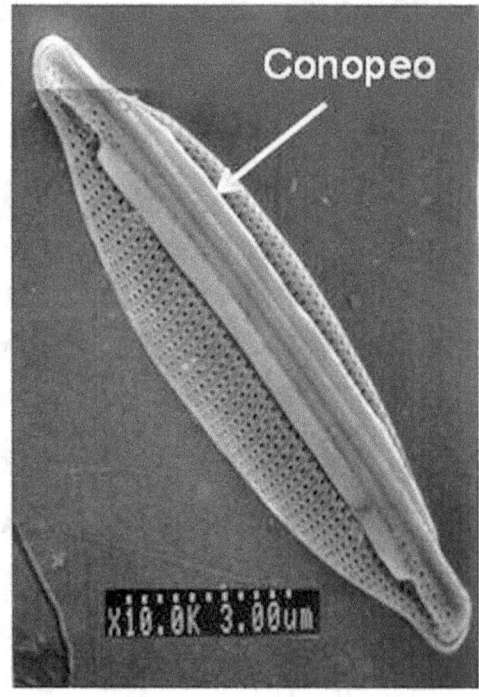

Nitzschia

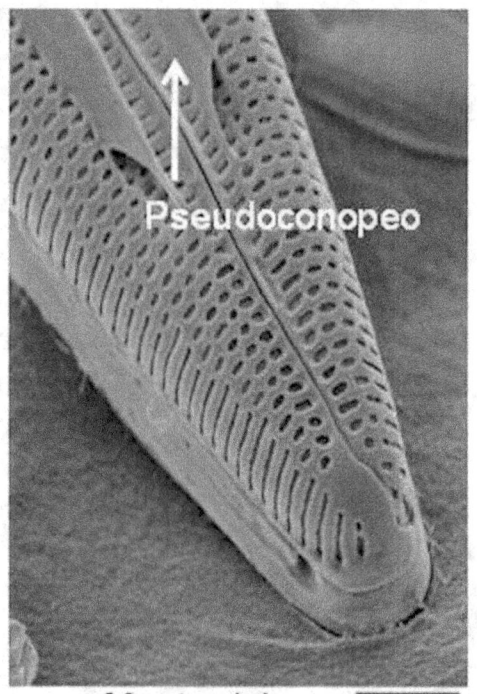

Mastogloia

52

Estigma:

Perforación de la capa silícea basal en el área central de diatomeas pennales con rafe. Puede estar o no ocluído, cerca del nódulo central o en las terminaciones proximales de las estrías centrales.

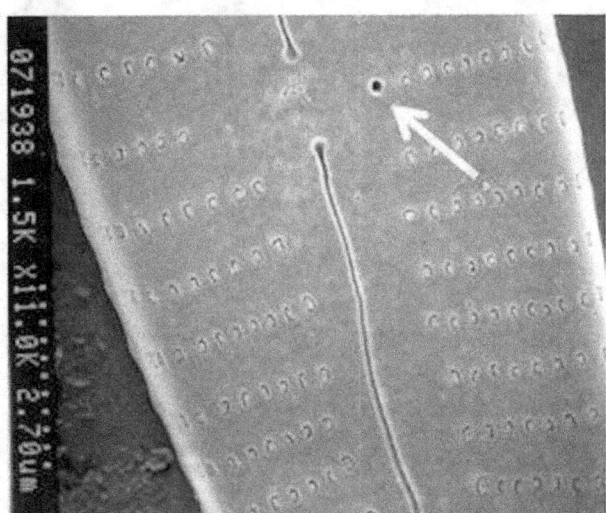

Gomphonema

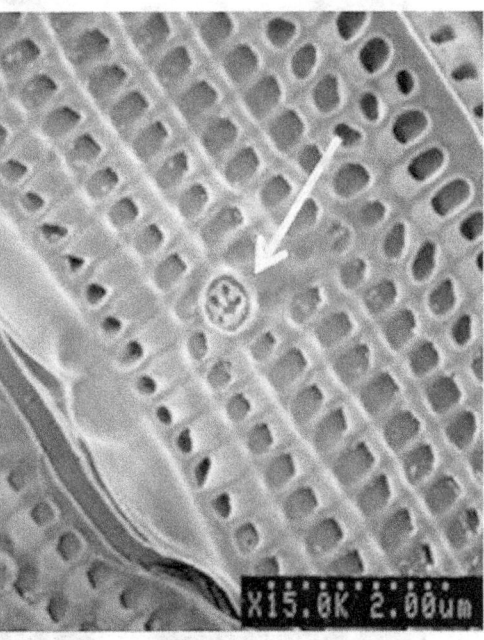

Mastogloia

Collar:

Costilla circular laminar en la parte exterior de la valva.

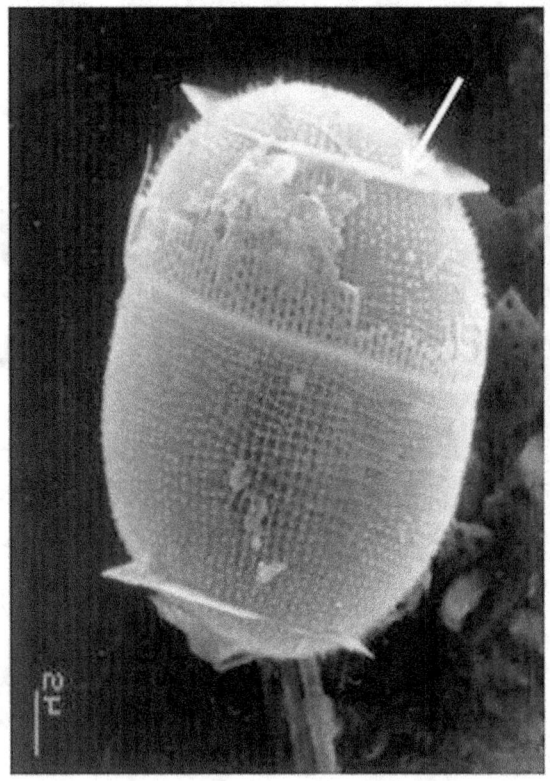

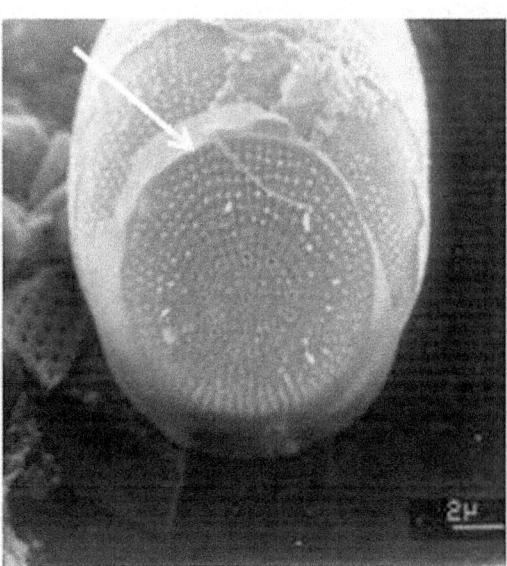

Melosira

Falla de Voigt:

Es una irregularidad en el arreglo de las estrías en un lado de la valva, normalmente se encuentra en las dos valvas y a la misma distancia del centro.

En algunas especies de *Navicula*, *Mastogloia*.

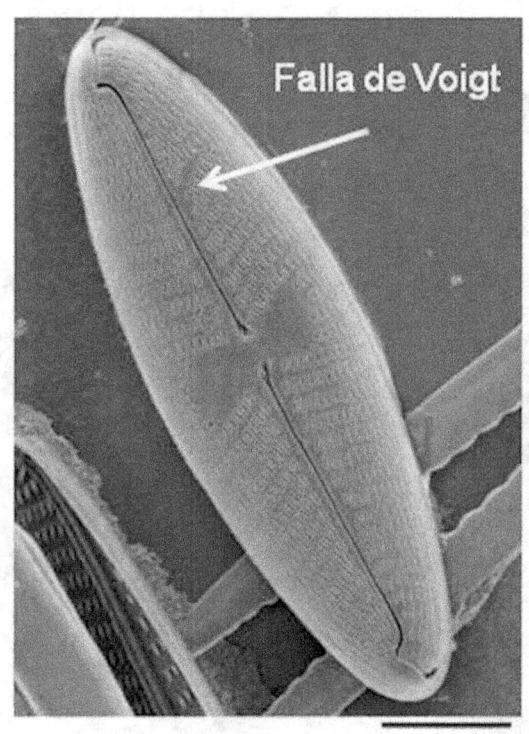

Falla de Voigt

4µm 5000X

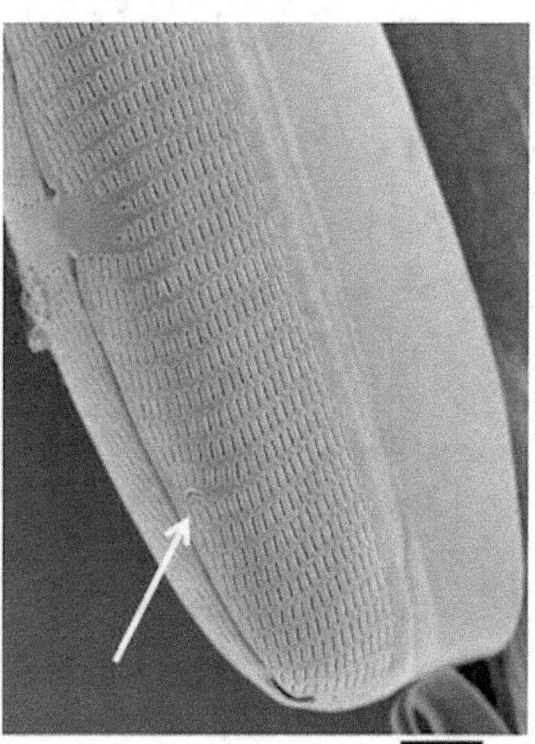

2µm 7000X

Tubo marginal circunferencial

o sipho marginalis: Es una cavidad que está en el margen valvar perforado con poros subtriangulares en *Fryxelliella*.

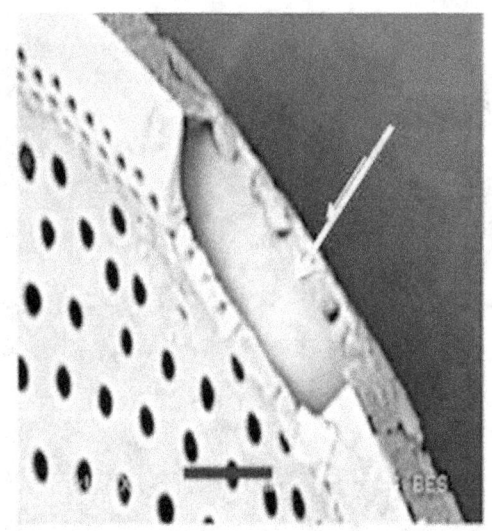

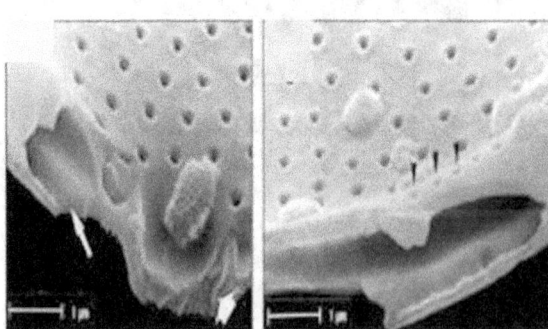

Fryxelliella

Fotos cortesía de M. E. Meave del Castillo

Área con forma de herradura

(horseshoe-shaped area): Área hialina en un lado del área central, con el margen engrosado en el lado interno de la valva.

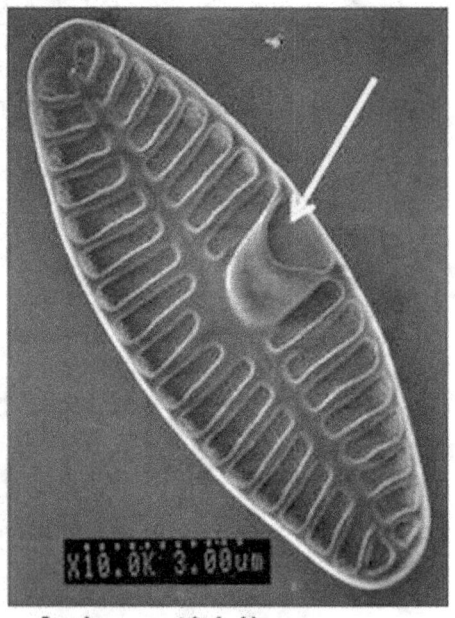

Achnanthidium

En algunas diatomeas pennadas con estrías uniseriadas, se ha sugerido el uso de **virgae**, para referirse a la barra silícea entre las estrías y **vimines**, para la barra entre las virgae.

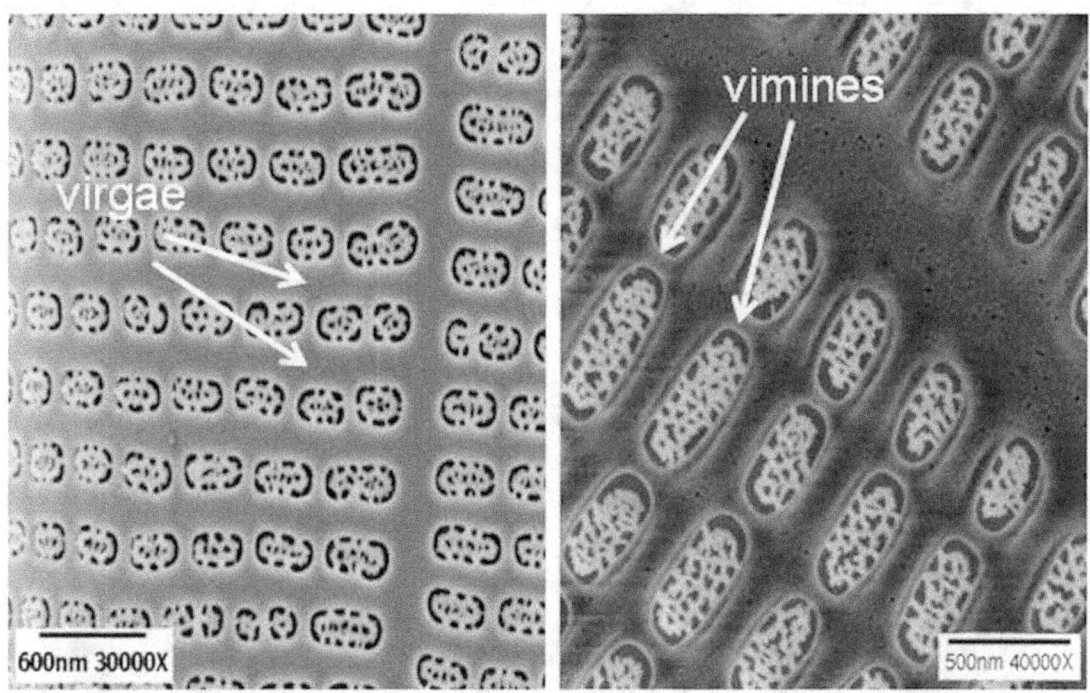

Licmophora

El Género *Asteromphalus* tiene términos específicos:

- Dos tipos de radios hialinos en la cara valvar:
  1. Radios ordinarios: son aquellos rayos del mismo ancho y largo.
  2. Radio singular: es el más delgado y más largo o corto.
- Tímpano: es una placa silícea que cubre el extremo u orificio de los radios.
- Porción central: es equivalente al área central o hialina en otras diatomeas.

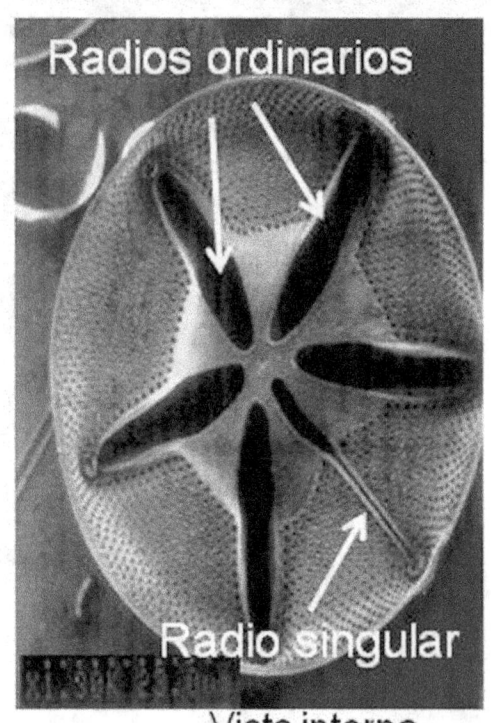

Vista interna

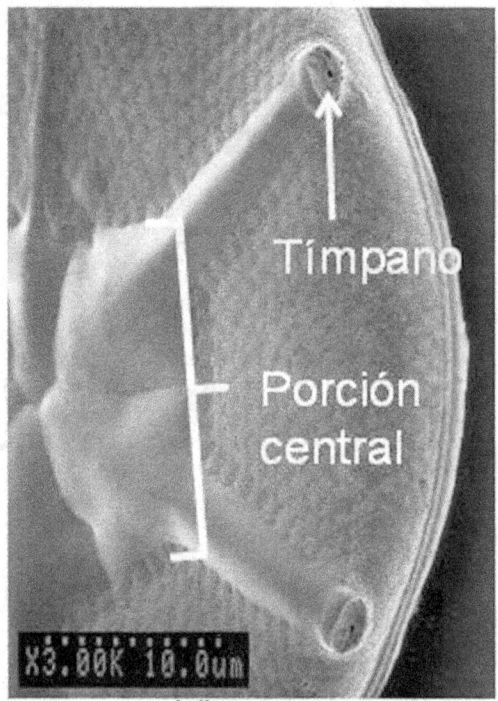

Vista externa

Referencias

Anonymous. 1975. Proposals for a standardization of diatom terminology and diagnoses. Nova Hedwigia, Beih. 53:323-354.

Cox, E.J. & Ross, R. 1980. The striae of pennate diatoms. In: Proceedings of the 6th International Diatom Symposium(R.Ross, Ed.), 267-278. O. Koeltz, Koenigstein.

Hasle, G.R. & Syvertsen, E.E. 1996. Marine diatoms. In: Tomas, C.R. (Edit.): Identifying Marine Diatoms and Dinoflagellates. 5-385 pp. Academic Press, Inc. San Diego.

Hendey, N.I. 1964. Bacillariophyceae (diatoms). In: An Introductory Account of the smaller algae of British coastal waters. V. 317 pp. Fishery Invest. Ser. IV, London.

Rivera, P., Parra, O., González, M., Dellarossa, V. y Orellana, M. 1982. Manual taxonómico del fitoplancton de aguas continentales. IV. Bacillariophyceae. 99 pp. Edit. U. de Concepción, Concepción, Chile.

Ross, R., Cox, E.J., Karayeva, N.I., Mann, D.G., Paddock, T.B.B., Simonsen, R. & Sims, P.A. 1979. An amended terminology for the siliceous components of the diatom cell. Nova Hedwigia, Beih. 64:513-533.

Round, F.E., Crawford, R.M. and Mann, D.G. 1990. The Diatoms. Biology & Morphology of the Genera. 747 pp. Cambridge University Press, Cambridge.

Stosch, H.A.von. 1975. An amended terminology of the diatom girdle. Nova Hedwigia, Beih. 53:1-35.

Indice

Dirección del autor:

Dr. Nelson Navarro Ramas

Anaida 4 C29

Ponce , Puerto Rico 00716

email: nnavarro@live.com

Apuntes

....

....

....

Apuntes

....

....

....

Apuntes

....

....

....

Apuntes

....

....

....

Apuntes

....

....

....